LES CARRIÈRES

DE L'AGRICULTURE

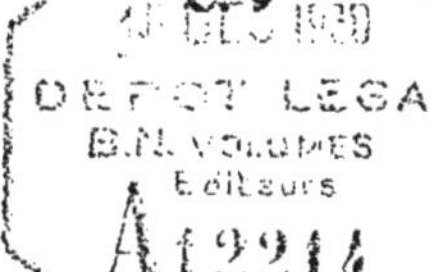

PREMIÈRE PARTIE

Les Situations dans les Exploitations agricoles

❖ ❖ ❖

L'agriculture manque de bras. Ce vieil axiome, auquel l'évolution scientifique de la culture moderne fait perdre chaque jour de son importance, gagnerait à être aujourd'hui complété par cette formule : *l'agriculture manque de têtes.*

C'est qu'en effet le sol, aujourd'hui, n'est plus cultivé comme il l'a été pendant des siècles ; les découvertes scientifiques importantes qui ont marqué la deuxième moitié du siècle dernier, ont eu leur répercussion directe sur l'Agriculture, qui constitue aujourd'hui une science extrêmement complexe.

C'est peut-être en France que l'on a le moins attiré l'attention du public sur les résultats obtenus. Partout ailleurs, et principalement en Europe Centrale, des statistiques répandues dans le grand public, des articles nombreux dans la presse, ont fait connaître à quel point de perfection on était arrivé. L'emploi des engrais judicieusement répartis, l'emploi des machines modernes, ont permis d'augmenter les rendements et d'abaisser les prix de revient.

Dans cette œuvre de progrès général, la France n'occupe pas la moindre place, et ce ne sont pas seulement les savants occupés de la solution théorique de certains problèmes, mais ce sont souvent les agriculteurs eux-mêmes, éclairés et progressistes, qui ont déterminé, chacun dans leur région, les meilleures formules à appliquer.

L'agriculteur moderne n'a plus rien de commun avec ses ancêtres ; il doit être à la fois botaniste, chimiste, géologue, électricien, comptable et vétérinaire ; il doit posséder une instruction étendue, avoir de solides notions d'économie politique et de droit administratif ; il est journellement exposé à résoudre les problèmes les plus divers et la profession d'agriculteur est peut-être aujourd'hui une de celles qui nécessitent la préparation la plus sérieuse et les études les plus approfondies.

Bien que notre pays soit avant tout un pays de moyenne et de petite propriété, la France possède quantités d'exploitations de 150 à 600 hectares qui constituent réellement la grande culture, et c'est principalement dans cette grande culture qu'il est nécessaire que les chefs de domaines possèdent cette instruction étendue. Les pouvoirs publics s'en sont depuis longtemps pénétrés et, depuis 50 ans, depuis surtout les 25 dernières années, des progrès immenses ont été réalisés, en vue d'une organisation scientifique de l'enseignement agricole et de l'agriculture.

Pour l'enseignement agricole nous disposons aujourd'hui d'un ensemble d'établissements qui, depuis la Ferme-Ecole, jusqu'à l'Institut Agronomique, en passant par les Ecoles Pratiques et les Ecoles Nationales, donnent à divers degrés, un enseignement excellent.

Une fois sortis de ces écoles, les agriculteurs trouvent, pour se tenir au courant des progrès, faciliter leurs recherches et favoriser les groupements, toute une organisation régionale, Direction des Services Agricoles, Professeurs départementaux, Stations d'essais etc.. qui ont journellement avec les praticiens les rapports les plus étroits et contribuent, dans une large mesure, aux progrès de l'agriculture. Ceci n'est pourtant qu'un début et il entre dans les vues de l'Administration de faire mieux encore. Un projet de loi sur l'organisation des recherches scientifiques est actuellement à l'étude et ne tardera pas à être présenté et défendu devant le Parlement.

L'agriculture est donc aujourd'hui une science et une des plus attrayantes.

Laissons de côté la science pure : ceux qui la font doivent se spécialiser étroitement, poursuivre des études scientifiques qui les occuperont pendant de longues années, et parfois les détourneront du but pratique qui nous occupe aujourd'hui. Ce dont nous voulons parler, c'est de l'application même de cette science, des moyens qui s'offrent à nous pour la réaliser pratiquement, tout en assurant à ceux qui s'y consacreront des moyens d'existence honorables, et la possibilité de parvenir à des situations aisées : ce sont, pratiquement, les débouchés qui s'offrent à ceux qui sortent chaque jour plus nombreux de nos diverses écoles d'agriculture ; c'est, en un mot, *la carrière agricole.*

Nous avons dit que l'agriculture était attrayante, elle est beaucoup plus qu'attrayante. Passionnante par l'intérêt sans cesse nouveau du travail de création et de transformation qu'elle représente, l'agriculture réalise au maximum les conditions de vie large, calme et hygiénique que l'existence moderne rend chaque jour plus rares et plus désirables. C'est par elle seule, c'est par le retour à la terre que se résoudront les graves problèmes sociaux que la désertion des campagnes a rendu parfois menaçants, toujours ardus, et préjudiciables au plus haut point au développement normal de notre pays.

Il faut reconnaître que la profession d'agriculteur et les occupations qui s'y rattachent ont depuis quelques années reconquis, en partie, la faveur qui les avait abandonnées il y a une trentaine d'années. Il serait toutefois téméraire de pousser délibérément la jeunesse vers une carrière, si pleine d'avenir soit-elle, sans lui en montrer exactement les avantages et sans préciser les débouchés matériels qu'elle peut offrir.

La France, avons-nous dit, est surtout un pays de petite et moyenne propriété. Merveilleusement placée au point de vue géographique, présentant une diversité exceptionnelle de sols et de climats, elle nous montre les exemples les plus divers de l'exploitation agricole, et en cela nous ne parlons pas seulement de la diversité des cultures (lin et colza dans le nord, maïs et oliviers dans le midi, vigne et blé un peu partout), mais nous insistons sur les modes d'exploitation très différents d'une région à l'autre et qui permettent presque à chacun, quels que soient ses moyens matériels, ses aspirations et ses goûts, de trouver dans l'agriculture française la place qui lui convient.

Le plus ou moins de fertilité du sol, le climat, déterminent des types d'exploitations très différents ; selon qu'on envisage les grandes alluvions du Nord et d'une partie du Centre, les granits de Bretagne, certaines landes calcaires du Plateau Central, selon que l'on considère les pays de montagne et les pays de plaine, l'administration nécessaire du sol présente des différences fondamentales.

Dans les plaines alluvionnaires, en Brie, dans une partie du nord de la France, dans la Limagne, nous rencontrons les grandes exploitations menées sur des données industrielles, guère moins de 150 hectares, rarement plus de 500. Ce sont les fermes à blé et à betterave nécessitant de gros capitaux, pratiquant des assolements à rendement intensif.

Dans les pays granitiques où le sol plus pauvre ne peut porter indéfiniment des récoltes riches, nous trouvons les fermes de 40 à 50 hectares, souvent exploitées en métayage, avec une prédominance marquée des prairies sur les cultures.

Lorsque le pays s'appauvrit encore, les étendues peuvent s'accroître, comme en Champagne, où le terrain de parcours devient prépondérant et entretient de grands troupeaux de moutons.

Lorsque l'eau intervient, l'étendue se réduit au contraire : dans certaines régions de Provence où le soleil ne marchande pas ses rayons, le sol qui peut être arrosé porte des récoltes de durée très courte et, comme telles, multipliées dans le courant d'une année ; c'est la région de Cavaillon, où quelquefois l'exploitation, très morcelée, descend jusqu'à un hectare par propriété, mais sur cet hectare, l'agriculteur averti réalise quelquefois 5 à 6.000 francs de récoltes.

Ce mode spécial d'exploitation nous amène peu à peu au maraîchage, où l'étendue est quelquefois plus faible et où le rendement intensif est dû presque uniquement à la main d'œuvre familiale.

Dans la série des professions agricoles le maraîchage occupe une des extrémités, la ferme industrielle occupant l'autre, la petite et la moyenne culture donnant tous les degrés intermédiaires.

N'oublions pas, à côté de cette agriculture générale, certaines entreprises tout à fait spécialisées, comme les cultures fruitières du sud-ouest et la vigne. Celle-ci présente les mêmes différences que la grande culture : certains grands crûs de Bourgogne sont limités à des superficies infimes, pendant que dans l'Hérault et dans l'Aude les vignobles à grand rendement occupent des superficies de plusieurs centaines d'hectares.

L'exploitation ainsi déterminée, à quelle nature de personnel s'adresse chacune de ces catégories et quelles sont les situations correspondantes ?

La grande culture, celle des fermes industrielles qui comportent en général de 100 à 300 hectares, est aujourd'hui caractérisée par l'importance des capitaux nécessaires. Non seulement le prix d'achat des terres est élevé, les bâtiments qui y sont édifiés représentent des sommes importantes, mais le matériel et le bétail nécessaires à leur exploitation constituent déjà un apport coûteux. De plus, le fonds de roulement qui, avant la guerre, atteignait 800 à 1.000 francs par hectare peut difficilement être évalué aujourd'hui à moins de 2.000 francs par hectare. Une ferme de 200 hectares nécessite donc, si l'on ne tient pas compte de son prix d'achat, et que l'on veuille simplement en être locataire, un fonds de roulement d'environ

400.000 francs, auquel il faut ajouter la valeur du matériel et du bétail.

Ce genre d'exploitation s'adresse donc presque uniquement à ceux qui disposent de capitaux importants. Nous disons presque uniquement, car l'organisation actuelle, telle qu'elle résulte des habitudes, ne prévoit qu'exceptionnellement l'emploi de salariés correspondant aux emplois d'ingénieurs dans une usine par exemple. Le propriétaire ou le fermier, suivant le cas, est généralement seul pour diriger son exploitation. Il est assisté d'un ou deux commis ; ces commis sont le plus souvent d'anciens charretiers ou valets de ferme, un peu plus adroits que les autres et qui correspondent exactement aux contremaîtres d'usines. Ce sont, en général, des hommes qui tirent toute leur valeur de la connaissance qu'ils ont du pays, dans lequel ils sont nés, d'un métier qu'ils ont toujours vu exercer autour d'eux depuis leur enfance et qui, dans bien des cas, présentent une réelle valeur.

Il n'en serait pas moins désirable que, de plus en plus, ces places fussent réservées aux anciens élèves des écoles pratiques, qui sont généralement des fils d'agriculteurs et qui, aux connaissances normales du commis, tel qu'il est aujourd'hui, ajouteraient, par leur instruction beaucoup plus élevée, la possibilité d'améliorer des rendements par un raisonnement judicieux des opérations ou des recherches à entreprendre, et, enfin, d'organiser et de tenir une comptabilité qui, malheureusement, fait le plus souvent défaut même dans des fermes modèles.

Certains propriétaires sont déjà entrés dans cette voie et tout porte à croire qu'avant peu ce débouché sera de plus en plus important.

Il ne faut pas croire, cependant, que l'absence de capitaux doit écarter de la grande culture tous ceux qui désireraient s'y faire une carrière. Si les habitudes françaises ne sont pas encore modifiées sur ce point, il ne faut pas oublier qu'à 24 heures de la France, nous possédons un immense territoire où les méthodes culturales sont généralement différentes. Nous voulons parler de l'Afrique du Nord, et principalement de l'Algérie et de la Tunisie.

Dans ces deux pays, l'étendue des propriétés est très supérieure à ce qu'elle est en France ; les domaines de 1.000 à 5.000 hectares ne sont pas rares et ils sont souvent la propriété de groupements ou de sociétés qui, presque toujours, exploitent suivant des méthodes tout à fait modernes et obtiennent des rendements élevés.

Les cultures sont généralement celles d'Europe : le blé, l'orge, la vigne et l'élevage du bétail tiennent la place principale. Mais ici le fermier devrait disposer de tels capitaux que l'on n'y a généralement pas recours. La société met en jeu ses propres capitaux et travaille très fréquemment avec des gérants ou des régisseurs ; ceux-ci sont appointés, participent aux bénéfices et sont réellement les directeurs des exploitations agricoles. Des situations fort intéressantes leur sont offertes, d'autant plus intéressantes que nombre de ces Sociétés acceptent de prendre et de former des stagiaires. L'enseignement de l'école, si parfait soit-il, n'exclut pas, en effet, un apprentissage pratique, et cet apprentissage, que l'on peut assez souvent faire dans des exploitations de France, se fait plus facilement encore dans celles de l'Afrique du Nord. Les stages durent rarement moins d'un an, la campagne agricole s'étendant naturellement sur une année ; ils peuvent se prolonger ; ils se complètent de campagnes spéciales : vinification par exemple, et les stagiaires qui joignent ainsi à leur instruction théorique l'application pratique sur un domaine prospère en pleine exploitation, trouvent très facilement des débouchés comme gérants ou régisseurs dans des exploitations analogues. C'est la très grande culture mise ainsi à la portée de ceux qui ne disposent pas des capitaux nécessaires pour la pratiquer pour leur propre compte.

Ce qu'on est convenu d'appeler en France la moyenne propriété est généralement représenté par des exploitations allant de 25 à 80 ou 100 hectares au maximum. Ceci représente certainement la grande majorité des exploitations agricoles françaises. On en trouve, en effet, dans toutes les régions de la France ou à peu près toutes, exception faite des plaines de grande culture : Brie, Beauce, etc...

Bien que limitée dans son étendue, cette exploitation demande encore une somme de travail importante. Elle n'est déjà plus du ressort du paysan travaillant seul avec sa famille et elle nourrit largement son homme. Elle se complète dans certaines régions d'étendues assez importantes sous forme de terrains de parcours qui, dans les pays des landes, occupent des espaces considérables et permettent d'entretenir des troupeaux d'une réelle valeur. Elle peut alors voir son étendue augmenter bien au-delà des 80 hectares auxquels elle est le plus souvent limitée. En outre, dans les causses du Plateau Central, des questions de transhumance compliquent l'exploitation, en lui donnant des possibilités nouvelles. Nous ne parlons ici que pour mémoire de la récupération de ces terrains de parcours, qui nécessite des connaissances scientifiques étendues et comporte la réalisation à longue échéance de programmes très étudiés.

Ailleurs la moyenne propriété peut se compliquer de certaines cultures riches spéciales, cultures fruitières par exemple, qui font passer le rendement à des chiffres très comparables à certains chiffres de grande culture, et cependant la moindre étendue de terre, l'affectation de capitaux moindres au fonds de roulement, rendent cette propriété accessible soit comme fermage, soit comme faire valoir direct, à quantités d'agriculteurs qui ne peuvent songer à aborder la ferme nettement industrielle.

On trouve la moyenne propriété dans toutes les régions de la France, où elle se livre naturellement à des cultures très diverses. Il s'ensuit que la façon dont ces propriétés sont administrées diffère aussi beaucoup d'une région à l'autre. C'est quelquefois un fermage régulier, beaucoup plus souvent un métayage qui se présente sous des formes très variées. Les formules, toutes très anciennes, qui président à la nature des accords entre le propriétaire et son métayer ou son fermier sont inépuisables et nous ne saurions les passer toutes en revue sans aborder un des plus importants problèmes de l'économie rurale, ce qui sortirait du cadre de ce court exposé. Mais on peut dire que toutes les combinaisons sont possibles avec les ressources infinies que présentent les usages du droit rural en matière de moyenne propriété.

Par conséquent, chacune de ces formules entraîne la nécessité de capitaux essentiellement variables quant à leur importance et offre une infinité de ressources aux exploitants, surtout lorsqu'ils ne sont pas fixés à telle ou telle région de la France.

Dans un grand nombre de régions, l'exploitation de la moyenne propriété se fait encore suivant des règles et avec une routine assez arrêtées ; mais entre le propriétaire et l'exploitant proprement dit se place souvent un personnage dont le rôle est extrêmement important, dont les fonctions portent des noms divers suivant les régions et qui est une sorte de gérant ou d'administrateur rural.

Représentant du propriétaire qui ne visite jamais ses fermiers, cet administrateur entretient avec eux des relations fréquentes, les visite presque chaque semaine, discute des travaux à faire, des réparations, des dépenses, des ventes de bétail, etc.... Il assure la rentrée des redevances au propriétaire et souvent occupe dans la région une situation considérable. Ces situations, qui se trouvent aussi bien dans certains pays de vignes que dans les régions agricoles proprement dites, constituent un débouché fort intéressant pour les agriculteurs expérimentés. Il faut, en effet, joindre à une connaissance approfondie de l'agriculture, la connaissance des mœurs du paysan, des efforts qu'il est possible de lui demander pour arriver à un meilleur rendement, le doigté nécessaire pour l'amener sans heurter de front ses préjugés à une exploitation plus moderne des propriétés, enfin de gagner sa confiance par la réussite des transactions ou des transformations conseillées.

Il y a là une œuvre du plus haut intérêt, indépendamment des avantages matériels qu'elle peut procurer.

Nous ne croyons pas utile d'insister ici sur la petite propriété ; ceux qui comptent lui demander les ressources nécessaires à leur existence sont généralement nés dans ce milieu ; ils en connaissent toutes les nécessités, tous les avantages et n'auraient que faire des indications que nous pourrions leur donner. Au surplus, nous rentrons là dans l'agriculture familiale, car rare est le petit cultivateur qui s'expatrie pour aller demander à d'autres régions ce qu'il a toujours considéré comme légitime de ne chercher que dans son pays d'origine.

A côté de l'agriculture proprement dite, une quantité de professions annexes ont largement recours aux anciens élèves des Écoles d'Agriculture.

L'évolution des idées modernes vers le groupement a amené dans l'agriculture au moins autant qu'ailleurs le triomphe de l'idée syndicale. Dans chaque région des syndicats se sont créés, d'abord pour l'achat en commun des semences, des machines et des engrais, puis souvent pour l'exploitation en commun de certains appareils. Les syndicats ont rapidement étendu leur action aux assurances contre l'incendie, la grêle, la mortalité du bétail, à la défense de certains intérêts, enfin à certaines expérimentations.

Groupés en fédérations régionales, les syndicats constituent aujourd'hui une véritable puissance et exigent un personnel nombreux. Non seulement leur direction ne peut être confiée qu'à des personnes très compétentes au point de vue agriculture, mais une grande partie de leur personnel doit posséder à un égal degré ces mêmes connaissances agricoles. Encore ce débouché est-il tout nouveau et il ne peut manquer de s'accroître au cours des années à venir, en présence des résultats considérables obtenus par les organisations syndicales. Certaines d'entre elles ne se sont pas limitées aux seules opérations agricoles, mais ont abordé des questions d'expéditions et de ventes en commun, en attendant que nous voyions un de leurs plus beaux triomphes dans l'organisation des abattoirs et des frigorifiques régionaux.

Personne mieux que les anciens élèves des Écoles d'Agriculture n'est qualifié pour les postes importants des divers services des syndicats.

Enfin, les produits agricoles ne sont pas

seulement sous leur forme primitive l'objet des transactions qui font une partie de la fortune de la France. Beaucoup subissent une première transformation dans des usines, dont les travaux très variés constituent les industries agricoles.

La distillerie la meunerie, la fabrication des engrais, l'huilerie, la sucrerie, etc... sont autant d'industries qui, à côté de leur partie technique, nécessitent une large part de connaissances agricoles ; certaines mêmes produisent directement les produits qu'elles transforment. La sucrerie dite agricole n'est pas rare ; c'est celle qui, à côté de l'usine, groupe des cultures s'étendant sur plusieurs centaines d'hectares où elle produit une partie des betteraves qui lui sont nécessaires, le reste étant cultivé par contrat chez les exploitants du voisinage.

On conçoit que la direction d'une sucrerie puisse être avantageusement confiée à un spécialiste des questions agricoles, surtout lorsqu'il aura complété son instruction agricole par un stage dans une des écoles de perfectionnement qui sont si justement réputées en France.

Si la fabrication des engrais relève peut-être plutôt de la chimie que de l'agriculture, il n'en est pas de même de la vente de ces des besoins des sols et des plantes est une des premières conditions que réclame le commerce des engrais.

D'autres branches commerciales, celle des semences par exemple, nécessitent une base de connaissances botaniques et agricoles qui ne s'acquièrent guère sous la forme spéciale nécessaire que dans les Écoles d'Agriculture.

On voit ainsi qu'à côté de la production proprement dite des produits agricoles, leur transformation et leur commerce, qui nourrissent en France tant de milliers de personnes, constituent un débouché supplémentaire important aux anciens élèves des écoles d'Agriculture, ainsi intéressés au cycle complet de production, transformation et écoulement des produits agricoles.

Nous ne pouvons, en terminant, passer sous silence les nombreux postes offerts aux Écoles d'Agriculture, et à elles seules, par les divers services dépendant directement ou indirectement du Ministère de l'Agriculture. Ces postes, qui seront traités séparément dans une brochure, comportent principalement l'enseignement agricole à tous ses degrés, les Directions départementales des Services agricoles, les Météorologistes agricoles, l'Office National du Crédit Agricole, les Laboratoires de la répression des fraudes, les diverses Stations d'essais (machines, semences, etc....), sans oublier les services centraux du Ministère de l'Agriculture.

Nous serions heureux si ce rapide exposé, en fixant quelques idées, pouvait dans une certaine mesure rallier à la cause de l'agriculture quelques-uns de ceux qui, tentés par l'attrait qui s'en dégage, restent indécis en présence de l'incertitude des débouchés matériels que cette profession peut leur offrir.

La vie moderne est une lutte tous les jours plus âpre et, s'il importe de ne l'aborder qu'après s'y être bien préparé, il est non moins indispensable de diriger ses pas non seulement vers une carrière agréable, mais encore vers une carrière susceptible d'assurer l'avenir matériel de celui qui l'aura choisie.

Puissions-nous avoir montré que l'agriculture remplit ces diverses conditions, et contribuer ainsi à dissiper quelques hésitations et à raffermir quelques vocations hésitantes.

DEUXIÈME PARTIE

L'enseignement agricole

✧ ✧ ✧

Établissements d'enseignement agricole

L'agriculture proprement dite est enseignée, en France, dans des établissements pouvant être classés en deux catégories : la première donne l'enseignement professionnel et moyen ; la seconde l'enseignement supérieur de l'Agriculture.

Les établissements du premier degré comprennent les **Ecoles d'Agriculture;**

a) Fermes-Ecoles ;

b) Ecoles pratiques d'Agriculture (1) ;

c) Ecoles libres d'Agriculture.

L'enseignement supérieur de l'Agriculture est donné :

1° Dans les **Ecoles nationales d'Agriculture** de Grignon (Seine-et-Oise) ; de Montpellier (Hérault) et de Rennes (Ille-et-Vilaine) ;

2° A l'**Institut national agronomique** de Paris.

Quelques universités possèdent une **Section agricole,** comme à Poitiers, ou un **Institut agricole,** comme à Nancy.

Enfin divers établissements d'enseignement libre donnent l'enseignement supérieur de l'Agriculture. Tels sont : l'**Ecole supérieure d'Agriculture** d'Angers (Maine et Loire), l'**Institut agricole** de Beauvais (Oise) et l'**Ecole Universelle par Correspondance de Paris,** 59, boulevard Exelmans, Paris-XVI°.

(1) Indépendamment des Fermes-Ecoles et des Ecoles pratiques d'Agriculture, l'enseignement de l'Agriculture au 1ᵉʳ degré comprend aussi : a) des écoles techniques dont l'enseignement a pour objet une spécialité ; b) des Ecoles d'Agriculture d'hiver ou saisonnières ; c) des cours d'enseignement agricole post-scolaires.

I. — L'enseignement professionnel et moyen

A. -- Fermes-Ecoles

Les Fermes-Ecoles sont des établissements d'apprentissage pour les enfants des familles d'ouvriers ruraux.

Les apprentis exécutent tous les travaux. La durée des études est de deux à trois ans.

LISTE DES FERMES-ECOLES ÉTABLIES EN FRANCE

Départements	Bureaux de Poste	Nom de l'Ecole
Ariège	Saverdun	Royat
Aude	Belpech	Bosc
Charente-Inf^re	La Rochelle	Puiboreau
Cher	Le Châtelet	Laumoy
Corrèze	Neuvic	Les Plaines
Gers	Auch	Lahourre
Haute-Loire	Saint-Paulien	Nolhac
Orne	Domfront	Sault-Gauthier
Vienne	St-Julien-l'Ars	Montlouis
Vienne (Haute)	Peyrilhac	Chavaignac

Voici, à titre d'exemple, le programme de l'enseignement donné à la Ferme-Ecole, de Chavaignac ainsi que les conditions d'admission et de séjour à cette Ecole.

FERME-ECOLE DE CHAVAIGNAC

PAR PEYRILHAC (HAUTE-VIENNE)

(Desservie par la station de Peyrilhac-St-Jouvent, distante d'environ 4 kilomètres de l'école.)

RENSEIGNEMENTS GÉNÉRAUX
But et Institution de l'Ecole

La Ferme-Ecole a pour but de former des cultivateurs instruits, capables soit d'exploiter avec intelligence leur propriété, soit de cultiver la propriété d'autrui comme fermiers, colons, régisseurs, soit de devenir de bons aides ruraux, commis de ferme, chefs de main-d'œuvre ou d'attelages et jardiniers ; car, pendant leur séjour à l'École, les jeunes gens sont initiés aux progrès les plus récents accomplis en agriculture : emploi des engrais chimiques, conduite des instruments perfectionnés, élevage et engraissement raisonnés du bétail, etc.

Durée des Etudes. — Répartition des élèves.

La durée des études est de trois ans. L'enseignement est gratuit. Onze élèves sont admis chaque année à la Ferme-Ecole de Chavaignac, deux sont spécialement attachés au jardin ; ils sont choisis, lors des examens d'entrée, d'après leur numéro de classement.

Enseignement

L'instruction est à la fois pratique et théorique et les programmes de l'Ecole sont conçus de telle sorte que les élèves puissent, à leur sortie, se présenter au concours pour l'obtention des bourses dans les Ecoles nationales d'agriculture et d'horticulture de Grignon, Montpellier, Rennes et Versailles.

Instruction pratique

Les élèves sont chargés alternativement des différents services de l'exploitation : attelages, vacherie, main-d'œuvre et surveillance, comme adjoints du chef de pratique. (Ce service a pour but d'exercer les élèves au commandement et à la bonne exécution des travaux).

Les élèves sont exercés à tour de rôle, sous la direction du chef de pratique et des professeurs, à la conduite des instruments perfectionnés employés aujourd'hui en agriculture.

Instruction théorique

Les matières enseignées sont les suivantes :

Langue française ; arithmétique et algèbre ; géométrie, nivellement, géodésie, arpentage et cubage ; notions de trigonométrie ; comptabilité agricole et économie rurale ; agriculture ; laiterie ; irrigation et drainage ; génie rural ; notions sur la géographie agricole ; physique et chimie ; pisciculture ; zootechnie, élevage du bétail ; horticulture ; arboriculture ; sylviculture ; botanique ; pratique agricole ; instruction militaire.

Examens annuels et de fin d'études

A la fin de chaque année scolaire a lieu un examen général en présence d'une commission composée ainsi qu'il suit : 1° de l'Inspecteur général de la région, président ; 2° de trois membres du Conseil général ; 3° de deux notabilités agricoles de la région ; 4° du Directeur des Services agricoles du département, secrétaire.

Sanction des Etudes. — Diplôme. — Primes. — Médailles.

Le diplôme qui est accordé aux élèves à la suite de leurs examens de sortie, leur donne un avantage de 5 points lorsqu'ils se présentent au concours pour l'obtention des bourses aux Ecoles nationales. En plus de ce diplôme, les élèves de la Ferme-Ecole reçoivent une prime variable avec leur numéro de classement. Enfin, le Conseil général du département a l'habitude de donner la somme de 500 fr., répartie entre les élèves qui se sont distingués par leur conduite, leur travail et leur application pendant leur séjour à l'école. Des médailles peuvent être accordées aux élèves classés premiers.

Régime des Elèves. — Uniforme. — Trousseau.

Le régime de l'Ecole est l'internat.

La nourriture est celle du pays : vin, viande et pain de méteil.

Chaque élève doit arriver muni d'un trousseau suffisant, dont le renouvellement est à la charge des parents.

Le blanchissage, le raccommodage et les frais du médecin sont la charge de l'Etablissement.

Les élèves ont à se procurer, à leurs frais un uniforme, qui est obligatoire.

Autant que possible le trousseau doit se rapprocher de la composition suivante :

3 chemises blanches ; 6 chemises de travail ; 2 pantalons de drap ; 2 pantalons de coutil ou de velours ; 2 gilets à manches en satinette noire ; 2 blouses ; 1 gilet de coton ou de laine ; 4 paires de chaussettes de coton ; 4 paires de chaussettes de laine ; 12 mouchoirs de poche ; 6 serviettes de toilette ; 2 paires de souliers ou bottines ; 1 paire de sabots ; 4 draps de lit.

Discipline. — Vacances.

Toute liberté est laissée aux élèves pour l'accomplissement de leurs devoirs religieux. Sur ce point, d'ailleurs, les indications fournies par les parents sont scrupuleusement observées.

La règle et les habitudes de l'Etablissement sont celles d'une ferme.

Des règlements spéciaux déterminent l'ordre des travaux et la discipline de l'Ecole ; les élèves sont tenus de s'y soumettre de la façon la plus absolue.

Une surveillance continue est exercée par les champs et sur tous les points où s'exécutent les travaux, ainsi qu'au réfectoire, à l'étude et au dortoir.

Nul élève ne peut s'absenter sans une autorisation spéciale du Directeur. Des permissions temporaires peuvent être accordées sur la demande des parents pour cas de force majeure (mariages, enterrements).

Les vacances ont lieu aux environs de Noël et du Nouvel An. Un autre congé de quelques jours peut être accordé à l'occasion du 15 août et c'est à ces deux époques seulement que les cours sont suspendus. Il est donc dans l'intérêt des élèves de s'y conformer.

Pour faute grave ou insoumission à la discipline, l'élève peut être rendu à sa famille par la seule autorité du Directeur.

Les parents sont tenus au courant du travail de leur enfant par un bulletin trimestriel.

CONDITIONS D'ADMISSION

L'Ecole ne reçoit que des élèves internes à titre gratuit. Pour être admis à passer les examens il faut :

1° Etre âgé de 14 ans sans limite au dessus ;

1° Etre en mesure de pouvoir répondre *au programme du certificat d'études de l'enseignement primaire.*

Pièces à fournir

Les demandes sur papier libre doivent être adressées à M. le Préfet de la Haute-Vienne ou au Directeur de la Ferme-Ecole avant le 20 avril.

Elles doivent être accompagnées :

1° De l'acte de naissance du candidat ;

2° D'un certificat de vaccine ;

3° D'un certificat de bonnes vie et mœurs délivré par le Maire de la résidence des candidats.

Date des examens d'admission. — Rentrée des Elèves.

Les examens ont lieu à la Préfecture de la Haute-Vienne, le dernier jeudi du mois d'avril.

La rentrée à l'établissement est fixée au premier dimanche de juin.

B. -- Ecoles pratiques d'agriculture

But et Institution. — Renseignements généraux

Les Ecoles pratiques d'agriculture, instituées par la loi du 30 juillet 1875, sont destinées à recevoir les jeunes gens qui, au sortir des écoles primaires ou des collèges, désirent acquérir l'instruction professionnelle agricole ; elles tiennent le milieu entre les fermes-écoles et les écoles nationales d'agriculture, et leur but est de former des cultivateurs éclairés.

Les élèves prennent part manuellement et journellement à toutes les opérations de la ferme, et suivent des cours établis en vue de développer leurs facultés intellectuelles et de leur donner l'instruction professionnelle qui leur permet de se rendre compte des opérations de la ferme et d'interpréter les faits culturaux.

L'Ecole pratique d'agriculture n'est pas d'un type uniforme. Elle est spécialisée à raison du milieu dans lequel elle est établie. Telle école pourra être en fait une école pratique d'irrigation, une autre école spéciale de viticulture ou encore de laiterie, de sériciculture, d'arboriculture, d'aviculture, etc.

L'âge d'admission varie de treize à dix-huit ans. Les élèves subissent un examen d'admission sur les connaissances qui font partie du programme des études primaires.

La durée des études est de deux ou trois ans.

Un certificat d'instruction est délivré, après examen, à la sortie.

Liste des Ecoles pratiques d'Agriculture établies en France et en Algérie

	Age d'Admission	Nombre d'Années D'ETUDES
Algérie (Philippeville). Agriculture et viticulture	13 à 18	3
Aisne (Delhomme, à Crézancy). Agriculture	15 à 18	2
Alpes-Maritimes (Antibes). Agriculture et horticulture ..	—	3
Alpes (Basses) (Oraison). Agriculture et horticulture	14 à 18	2
Ardennes (Rethel). Agriculture	13 à 18	2 1/2
Bouches-du-Rhône (Valabre). Agriculture et viticulture ..	—	3
Cantal (Aurillac). Agriculture et laiterie	14 à 18	—
Charente (L'Oisellerie, par la Couronne). Agriculture ..	14 à 17	—
Charente-Inférieure (Saintes). Agriculture professionnelle.	14 à 19	2
Corse (Ajaccio). Agriculture	14 à 20	—
Côte-d'Or (Beaune). Agriculture et viticulture	13 à 18	2 1/2
— (Châtillon-sur-Seine). Agriculture	14 à 19	—
Côtes-du-Nord (Plouguernivel). Agriculture	—	—
Creuse (Les Granges). Agriculture	14 à 21	2
— (Genouillac). Agriculture	14 à 18	—
Dordogne (Excideuil). Agriculture)	—	—
Eure (Le Neubourg). Agriculture	13 à 18	3
Haute-Garonne (Ondes). Agriculture (hiver)	—	—
Gironde (La Réole). Agriculture	14 à 18	2
Ille-et-Vilaine (Les Trois-Croix). Agriculture	—	—
Indre (Clion). Agriculture	14 à 20	—
Isère (Grande-Chartreuse). Laiterie.	17	1
Landes (Saint-Sever). Agriculture	14 à 18	2 1/2
Loiret (Le Chesnoy). Agriculture	—	2
Loire-Inférieure (Grandjouan). Agriculture	14 à 19	—
Lot-et-Garonne (Saint-Pau). Agriculture, sylviculture et pisciculture	13 à 18	2 à 3
Manche (Coigny). Agriculture et laiterie	14 à 20	2
Haute-Marne (Saint-Bon). Agriculture	15	—
Meurthe-et-Moselle (Mathieu-de-Dombasle). Agriculture ..	15	—
Nièvre (Corbigny). Agriculture	14 à 18	—
Nord (Wagnonville). Agriculture	15 à 18	3
Pas-de-Calais (Berthonval). Agriculture	13 à 18	3
Hautes-Pyrénées (Villembits). Agriculture	14 à 18	2 1/2
Rhône (Écully). Agriculture	—	3
Saône-et-Loire (Fontaines). Agriculture	—	2
Somme (Le Paraclet). Agriculture	13 à 18	2
Var (Hyères). Agriculture	14 à 18	2
Vendée (Pétré). Agriculture et laiterie	13 à 20	—
Vosges (Roueeux). Agriculture et laiterie	13 à 18	—
Yonne (La Brosse). Agriculture	14 à 18	—

Non compris les écoles spéciales de :

	Age d'Admission	Nombre d'Années D'ETUDES
Doubs (Mamirolle). Laiterie	13 à 18	2 à 3
Jura (Poligny). Laiterie	—	—
Manche (Sartilly). Agriculture	—	—
Meuse (Descomtes). Agriculture	—	—
Ille-et-Vilaine (Coëtlogon). Laiterie (femmes)	—	—
Finistère (Kerliver). Laiterie (femmes).	—	—
Haute-Loire (Le Monastier). Ménagère, agricole, laiterie.	—	—
Seine-et-Oise (Gambais). Aviculture	—	—
Calvados (Orphelinat Rayer). Agriculture	—	—
— (Ancteville). Agriculture	—	—
Charente-Inférieure (Surgères). Laiterie	—	—
Isère (La Grande-Chartreuse). Laiterie	—	—
Haute-Marne (Fayls-Billot). Osiériculture et vannerie	—	—

Prix de la pension

Le prix de la pension dans les Ecoles pratiques d'Agriculture est de 1.100 francs, sauf pour les établissements désignés ci-après, où elle est de 1.200 francs, à cause de leur situation dans les régions ayant en à souffrir de la guerre : Ecoles de Rethel (Ardennes) ; Crézancy (Aisne) ; Tomblaine (Mathieu-de-Dombasle) (Meurthe-et-Moselle) ; Wagnonville (Nord) ; le Paraclet (Somme) ; Berthonval (Pas-de-Calais) ; Roucoux (Vosges).

Les frais de blanchissage sont dûs en sus du prix de la pension.

Bourses

Les départements et l'Etat entretiennent un certain nombre de boursiers dans les Ecoles pratiques, de façon à permettre aux petits cultivateurs peu aisés d'y envoyer leurs enfants, quand ceux-ci montrent de bonnes dispositions pour l'étude.

Les bourses de l'Etat peuvent être accordées aux élèves suivant un classement basé sur l'ensemble de leurs notes, sur la situation de fortune et les charges de famille de leurs parents. Le nombre des bourses de l'Etat est fixé pour chaque établissement, par un arrêté du Ministre de l'Agriculture, pris après avis du Conseil de l'Inspection générale de l'Agriculture. Ces bourses sont attribuées par le Ministre de l'Agriculture, dans la limite des crédits inscrits au budget. Elles peuvent être fractionnées par quart, moitié ou trois-quarts.

Les bourses ou fractions de bourses peuvent être retirées aux titulaires, au cours des études, par un arrêté du ministre de l'Agriculture, pris après avis du Conseil de perfectionnement de l'Ecole.

Les bourses de l'Etat sont de 900 fr. ou de 1.000 fr. suivant que le prix de la pension est de 1.100 ou bien de 1.200 francs. Mais les titulaires des bourses entières d'Etat n'ont pas à acquitter la différence entre le montant de leurs bourses et le nouveau prix de la pension. Les titulaires de bourses fractionnées (moitié, les deux tiers, quart, etc.) doivent seulement payer la moitié, les deux tiers, les trois quarts du nouveau prix de la pension.

Voici, pour fixer les idées, des renseignements détaillés sur l'organisation et le fonctionnement d'une des meilleures écoles pratiques d'agriculture.

ECOLE PRATIQUE D'AGRICULTURE DE CHATILLON-SUR-SEINE
(COTE-D'OR)

RENSEIGNEMENTS GENERAUX

But de l'Ecole

L'Ecole d'Agriculture de Châtillon-sur-Seine est destinée à former des régisseurs d'exploitation, des chefs de culture, etc. Elle s'applique à donner aux fils de propriétaires, cultivateurs ou fermiers, ainsi qu'aux jeunes gens qui se destinent à la carrière ou à l'enseignement agricole, une solide, instruction professionnelle à la fois théorique et pratique.

Situation de l'Ecole

Placée au centre d'une région agricole, l'Ecole de Châtillon, située sur le Domaine de la Barotte, est dans d'excellentes conditions pour se livrer aux diverses branches de la culture. Sa situation à proximité d'une ville industrielle et commerçante comme Châtillon, permet de compléter l'enseignement théorique donné aux élèves par de nombreuses excursions dans les vignobles et les fermes des environs, ainsi que par des visites de foires, marchés, concours et comices agricoles.

Exploitation et Enseignement pratique

Le domaine comprend 115 hectares de cultures diverses, dont 10 hectares de prairies naturelles. La ferme possède de vastes écuries et étables, ainsi qu'un *matériel agricole perfectionné* permettant d'initier les élèves au maniement des meilleures machines. Des expériences sont poursuivies chaque année tant sur les engrais que sur les variétés de plantes de grande culture. — L'élevage en général et en particulier celui du mouton mérinos sont l'objet d'études et d'observations sérieuses. La culture de la vigne est également l'objet d'un enseignement développé au moyen d'une vigne d'études.

Les élèves sont répartis dans les différents services et chargés à tour de rôle des divers travaux de l'exploitation : labours, hersages, binages et sarclages, fauchaison, moisson, pansage du bétail, entretien et réparations des instruments, conduite des attelages, défoncement, taille, greffage. Ces travaux sont effectués sous la direction du directeur et sous la conduite des chefs de pratique. Ils donnent lieu à des notes comme les travaux théoriques.

L'Ecole possède également une laiterie munie des instruments les plus perfectionnés où les élèves sont exercés à soigner le laitage et à fabriquer eux-mêmes le beurre et le fromage.

Des ateliers pour le travail du bois et du fer servent à l'entretien du matériel de l'Ecole et de l'exploitation et sont à la disposition des élèves, permettant l'éducation de l'œil et de la main et les exerçant à des travaux en rapport avec leurs futures professions.

Le programme de travail manuel comprend des séries d'exercices gradués se rapportant aux sections de menuiserie, forge et maréchalerie, charronnage, tonnellerie et bourrellerie.

Le domaine a une autonomie complète et un personnel ouvrier particulier ; les élèves n'y font que des travaux d'application, *tout le reste de la culture est fait par la main-d'œuvre ouvrière et journalière*.

Le temps des élèves est partagé de telle sorte que la moitié de la journée est consacrée à la théorie et l'autre moitié aux travaux pratiques, conformément à l'emploi du temps arrêté par M. le Ministre de l'Agriculture. Les élèves sont à l'abri de tout surmenage dans les travaux pratiques et sont assurés d'avoir constamment, en ce qui concerne la nourriture, le chauffage, l'éclairage, tout le confort et le bien-être désirable. *L'emploi du temps, l'organisation des repas, menus, etc., sont fixés par le Conseil de surveillance et de perfectionnement de l'Ecole.*

Enseignement théorique

Il embrasse les matières ci-après :

1° Agriculture générale et spéciale, viticulture, machinerie agricole, économie et législation rurale ;

2° Physique, météorologie, chimie générale et agricole, industries agricoles et vinicoles.

3° Botanique, minéralogie, géologie, zoologie, insectes utiles et nuisibles ; élevage des abeilles, poissons et vers à soie : maladies des plantes ;

4° Langue française, rédaction, correspondance usuelle, marchés, contrats, baux ;

5° Mathématiques : arithmétique, géométrie pratique, topographie, arpentage et nivellement, cubage, comptabilité agricole ;

6° Zootechnie : étude des races de bétail, de leur élevage et hygiène vétérinaire ;

7° Horticulture, arboriculture ;

8° Exercices militaires.

Les élèves sont exercés à l'emploi de la loupe et du microscope, à l'observation des appareils météorologiques, à l'analyse chimique des terres, engrais, vins, lait.

L'Ecole possède un outillage et un matériel très complet, grâce aux libéralités et aux sacrifices que le Conseil général a bien voulu consentir depuis sa création. La bibliothèque, à la disposition des élèves, renferme un grand nombre d'ouvrages, et l'Ecole possède de belles collections d'histoire naturelle.

Des cours spéciaux sont faits pour la préparation aux Ecoles nationales d'agriculture et d'horticulture.

Examens particuliers et généraux

Le travail et le progrès des élèves sont constatés : 1° par des examens particuliers hebdomadaires sur les différentes matières de l'enseignement et par des épreuves pratiques ; 2° par des examens généraux à la fin de chaque cours.

Tous les trimestres, des bulletins renfermant des notes et observations relatives aux élèves, sont adressés aux parents.

Sanction des Etudes. — Diplôme.

Les élèves qui ont satisfait aux examens de sortie reçoivent un certificat d'instruction délivré par le ministre qui leur assure un avantage de dix points dans les concours d'admission aux Ecoles nationales.

Un certain nombre de médailles de vermeil, d'argent, de bronze, sont décernées par M. le Ministre aux élèves les plus méritants.

Régime de l'Ecole. — Durée des Etudes. Vacances

Le régime de l'Ecole est l'internat.

La durée des études est de deux ans et demi.

Des règlements particuliers fixent l'ordre des travaux et la discipline intérieure de l'Ecole. Des sorties de faveur et des vacances supplémentaires sont accordées aux bons élèves qui se distinguent par leur travail et leur conduite. Le dimanche, les élèves sont conduits en promenade ou en excursion par les professeurs ou les surveillants.

Le médecin de l'Ecole se rend à l'établissement chaque fois que l'indisposition d'un élève motive sa présence. Les frais de pharmacie sont seuls à la charge des familles. Une salle de bains est attachée à l'établissement.

Les élèves dont les moyennes sont satisfaisantes sont envoyés en vacances par le directeur à l'occasion des principales fêtes de l'année M. le Ministre de l'Agriculture fixe chaque année pour tous les élèves les grandes vacances.

Prix de la Pension. — Trousseau.

Le prix de la pension, comprenant l'entretien de l'élève, c'est-à-dire logement, nourriture, chauffage, éclairage et instruction, est fixé 1.100 francs par an, payables en trois versements, savoir: trois dixièmes à la rentrée, trois dixièmes en janvier, quatre dixièmes en avril. Tout trimestre commencé est dû. L'École fournit la literie: lit, sommier, matelas, traversin, couverture aux élèves boursiers.

Les autres élèves fournissent leur literie ou la Direction leur cède un matériel en location à raison de 6 fr. par mois ; ce matériel de couchage reste la propriété du Directeur.

Le trousseau des élèves se compose de : un uniforme non obligatoire, dont le modèle est déposé à l'École, trois pantalons en toile bleue pour les travaux pratiques, trois gilets à manches, deux blouses de travail, deux tabliers de toile bleue, une pèlerine en drap, une paire de brodequins, une paire de bottines ou souliers de sortie, deux paires de sabots et chaussons, une paire de guêtres ou molletières, deux cravates noires, trois paires de drap de lit, dix chemises dont six de travail de couleur, six serviettes de table, six serviettes de toilette, dix-huit mouchoirs de poche dont douze de couleur, huit paires de chaussettes, un sac de toile de 50 sur 75, avec coulisse, pour linge sale, un nécessaire de toilette, un nécessaire pour chaussures ; un service de table en métal blanc : cuillère, fourchette, couteau, rond de serviette, timbale ; un sécateur ; vêtements habituels à l'usage de l'élève.

Tous ces objets doivent être en parfait état, matriculés et marqués au numéro désigné par le directeur.

Le trousseau est indicatif, et non obligatoire : on peut s'entendre avec la direction au sujet des effets possédés avant l'entrée à l'École.

Les élèves sont tenus de verser une somme de 20 fr. destinée à garantir le paiement des objets cassés, détériorés ou perdus par leur faute. Tous les élèves, boursiers ou non,

se procurent à leurs frais le trousseau et autres objets nécessaires à leur instruction.

Bourses

L'État entretient un certain nombre de bourses pour les départements de la Côte-d'Or, de l'Aube et départements voisins. Ces départements peuvent accorder des bourses aux élèves qui en sont originaires.

CONDITIONS D'ADMISSION

L'École reçoit des internes ; les étrangers peuvent être admis au même titre que les nationaux.

Pour être admis à un titre quelconque, en qualité d'élève régulier, il faut être âgé de 14 ans à l'époque des examens (des dispenses d'âge peuvent être accordées) et subir avec succès les épreuves d'un examen.

Pièces à fournir

Les demandes d'inscription doivent être adressées à la Préfecture ou à la Direction de l'École avant le 15 septembre.

Les pièces à produire sont :

1° Demande des parents et engagement pris par eux d'acquitter régulièrement le prix de la pension (sur papier timbré à 3 fr. 40) ;

2° Extrait de l'acte de naissance des candidats ;

3° Certificat de vaccine ;

4° Certificat de bonne conduite délivré par le chef de l'établissement où le candidat a accompli sa dernière année d'études ;

5° Les diplômes obtenus par le candidat ou leur copie.

Les candidats aux bourses ont à fournir en outre :

1° Un extrait du rôle des contributions ;

2° Un tableau synoptique des moyens d'existence et des charges de famille des parents.

Ces pièces sont examinées par M. le préfet qui donne son avis.

Nature des Epreuves

1° Langue française, dictée, grammaire, style ;

2° Arithmétique et système métrique ;

3° Histoire et géographie de la France.

Il sera tenu compte aux candidats des connaissances en géométrie, sciences physiques et naturelles, langue allemande, qui ne sont pas exigées pour l'examen.

Sont dispensés de l'examen d'entrée, *comme élèves payants*, les candidats pourvus du certificat d'études primaires ou d'autres diplômes d'ordre plus élevé. Les candidats aux bourses doivent toujours prendre part à l'examen d'entrée qui devient pour eux un concours destiné à les classer par ordre de mérite.

II. — L'Enseignement supérieur

A. -- Ecoles Nationales d'Agriculture

RENSEIGNEMENTS GÉNÉRAUX

But et Institution des Ecoles

Les Ecoles Nationales d'Agriculture établies à Grignon (Seine-et-Oise), à Montpellier (Hérault) et à Rennes (Ille-et-Vilaine) ont pour but de former :

1° Des agriculteurs qui se destinent à la gestion des grands domaines ruraux, soit pour leur propre compte, soit pour le compte d'autrui ;

2° Des professeurs pour l'enseignement agricole, conformément à la loi du 2 août 1918 et au décret du 23 juin 1920 ;

3° Des administrateurs pour les divers services publics ou privés dans lesquels les intérêts de l'agriculture sont engagés ;

4° Des directeurs de stations agronomiques ;

5° Des chimistes ou directeurs pour les industries agricoles, sucreries, féculeries, distilleries, laiteries, etc.

Ecole de Grignon

L'Ecole d'agriculture de Grignon, fondée en 1822 par Mathieu de Dombasle, devint de 1827 à 1848 l'*Institution royale agronomique* ; de 1848 à 1852, l'*Ecole régionale d'agriculture* ; de 1852 à 1870, l'*Ecole impériale d'agriculture* et enfin à partir de 1870, l'*Ecole nationale d'agriculture de Grignon*.

De Paris on se rend à Grignon par le chemin de fer de l'Etat (ancien réseau de l'Ouest). Grignon est desservi par la station de Plaisir-Grignon, située sur les lignes de Paris à Granville et de Paris à Mantes par Plaisir-Grignon. Les trains partent des gares de Montparnasse et des Invalides : il y a 10 départs par jour et le trajet dure de 55 minutes à une heure. Un omnibus stationne à la gare de Plaisir-Grignon (correspondant à 6 trains). Il conduit les voyageurs à l'Ecole (distance environ 2 kilomètres) en un quart d'heure. Pour le retour à Paris, 5 départs réguliers de la voiture et 10 trains.

Grignon est situé dans la vallée du rû de Gally, qui prend sa source à l'ouest du parc de Versailles ; ce ruisseau traverse le parc de Grignon dans le sens de la longueur, de l'est à l'ouest ; il se jette dans la Mauldre, affluent de la Seine. Altitude : 113 mètres à l'angle sud-ouest du parc et 73 mètres au fond de la vallée. Plus grande longueur du parc : 2 kil. 430 de l'est à l'ouest, et plus grande largeur, 1 kil. à vol d'oiseau du nord au sud. Le mur de clôture du parc a environ 7 kilomètres de longueur.

La route qui amène à l'Ecole descend assez rapidement, laissant à gauche les maisons du hameau de Grignon : celui-ci dépend de la commune de Thiverval dont l'agglomération se trouve de l'autre côté du parc. A droite de la route, le mur de clôture par-dessus lequel on aperçoit les grands laboratoires, les bâtiments de la ferme et le château. A 150 mètres environ de la porte d'entrée, les maisons du village cessent et le mur de clôture (partie sud) vient aboutir au chemin du côté gauche. Du même côté, une mare en bordure du chemin.

Ecole de Montpellier

L'Ecole nationale d'agriculture de Montpellier, située au centre du département de l'Hérault, a ouvert ses portes le 3 novembre 1872. Son développement est dû à sa collaboration avec la Société centrale d'agriculture de l'Hérault, fondée en 1790, dont les membres furent souvent professeurs à l'Ecole.

L'Ecole d'agriculture de Montpellier, placée sous l'autorité directe du ministre de l'Agriculture, paraît avoir devant elle, par sa situation topographique dans une région intensivement viticole, la perspective d'un heureux développement.

ECOLE DE RENNES

L'Ecole a été fondée en 1848. Après avoir fonctionné à Grand-Jouan (Loire-Inférieure) jusqu'en 1895, elle a été transférée à Rennes.

Elle comporte :

1° L'Ecole proprement dite, vaste ensemble de bâtiments construits et aménagés spécialement pour le but qui leur est assigné, de vastes salles d'études et d'enseignement pouvant abriter deux promotions de 80 élèves chacune. D'importantes collections (plantes de grandes cultures, botanique, géologie, minéralogie, zoologie, zootechnie, instruments agricoles) sont à la disposition des élèves. Des salles de manipulation, des laboratoires tant à l'usage des élèves que du corps enseignant, sont installés de façon à permettre des études et des recherches scientifiques de tout genre ;

2° Les jardins d'études et champs d'expériences qui couvrent une superficie de 7 hectares ;

3° Une exploitation agricole de 32 hectares sur laquelle les élèves peuvent toutes les opérations agricoles que demande une culture rationnelle dans les régions Nord, Nord-Ouest, Ouest et Centre de la France.

Organisation de l'Enseignement

La durée des études dans les trois Ecoles nationales d'agriculture est de deux ans.

L'enseignement comprend, d'une manière générale : *la zoologie, la botanique, la minéralogie et la géologie agricoles, la physique et la météorologie, la chimie générale et agricole, la chimie biologique dans ses applications à l'agriculture ou à l'élevage, l'agriculture, l'horticulture, l'arboriculture, la la viticulture, la sylviculture, le génie rural, la zootechnie, l'entomologie, la sériciculture, l'apiculture, la pisciculture, la technologie, l'économie et la législation rurales, la comptabilité agricole et l'hygiène.*

L'enseignement est donné dans les cours réguliers et des conférences ; en outre, des applications et des travaux pratiques sont effectués dans les laboratoires ou sur les domaines des Ecoles.

Des excursions dans des fermes et dans des usines agricoles ont lieu sous la direction des professeurs pour compléter l'enseignement donné dans les Ecoles.

A Grignon, les élèves trouvent un très utile complément d'instruction dans les excursions de plus en plus nombreuses que l'on effectue de tous côtés : herborisations dans la forêt de Rambouillet, sur les rives de la Seine, voire sur les bords de l'océan ; visites de fermes à l'époque des grands travaux ou des exécutions de drainage ; excursions au marché de la Villette et dans les grandes écuries de la capitale ; visites fréquentes dans des usines de toutes sortes : sucreries, distilleries, brasseries, minoteries, laiteries, etc. Une application de génie rural et de zootechnie a lieu au moment du concours général agricole de Paris. On fait régulièrement une excursion agricole zootechnique et technologique en Normandie, et une visite aux ateliers de construction de machines agricoles des environs de Creil.

Enfin, presque tous les ans, une grande excursion a lieu soit en France, soit à l'Etranger. Ainsi, depuis 1889, les excursionnistes ont été en Tunisie (1889), en Allemagne (1901), en Italie (1903) et en Corse (1903), en Bretagne (1906), en Angleterre — déjà visitée en 1893 - (1908), dans la région du Nord (1909).

A Montpellier, en plus des connaissances agricoles générales, on étudie plus particulièrement la viticulture.

L'enseignement de l'Ecole de Rennes se distingue de celui des deux écoles similaires (Grignon et Montpellier) par l'extension donnée à l'étude des branches de l'agriculture particulièrement pratiquées dans l'Ouest, savoir :

1° L'élevage des équidés et des bovins ;

2° La production laitière et ses dérivés (beurrerie, fromagerie) ;

3° La culture du pommier à cidre et les industries dérivées de la pomme (cidrerie, confiturerie, etc.).

En outre, une section féminine y a été organisée en 1919.

Sont annexées à l'Ecole, sous la direction de professeurs de l'établissement :

1° Une station de chimie agricole ;

2° Une station de recherches agronomiques et d'essais de semence ;

3° Une station de recherches technologiques ;

4° Une station de physiologie animale et d'entomologie agricole ;

5° Une station de physiologie et de pathologie végétales ;

6° Une station de météorologie agricole.

Recrutement des Elèves. — Régime des Ecoles

L'Ecole de Grignon reçoit des élèves (internes ou externes), des élèves externes libres (ceux-ci exclusivement de nationalité étrangère) et des auditeurs libres.

L'Ecole de Montpellier reçoit des élèves internes, demi-internes ou externes), des élèves externes libres (ceux-ci exclusivement de nationalité étrangère) et des auditeurs libres.

Les places d'internat et de demi-internat dans ces écoles sont attribuées d'après le classement.

L'Ecole de Rennes ne reçoit que des externes, des externes libres (ceux-ci exclusivement de nationalité étrangère) et des auditeurs libres.

Les élèves internes, demi-internes et externes suivent toutes les leçons et participent à tous)les travaux, applications et exercices pratiques. Ils sont admis, comme il est dit plus loin, à la suite d'un concours.

Lorsque les places disponibles ne peuvent être occupées par des élèves réguliers, l'Ecole peut recevoir des externes et des auditeurs libres.

Les élèves externes libres sont admis sans concours ni examen, mais sur production de titres scientifiques jugés suffisants, et par décision spéciale du Ministre de l'Agriculture. Ils suivent toutes les leçons et, comme les élèves réguliers, participent à tous les travaux applications et exercices pratiques.

Les auditeurs libres sont admis sans concours ni examen. Ils assistent aux cours qui sont à leur convenance et n'ont entrée ni aux salles d'étude, ni aux laboratoires ; ils peuvent, toutefois, être autorisés exceptionnellement à suivre certains exercices pratiques moyennant l'acquittement d'un droit trimestriel et spécial de 75 fr. et le versement, entre les mains de l'agent comptable, d'une provision de 20 francs pour garantir le remplacement des objets détruits ou détériorés par leur faute.

De même que les nationaux, les étrangers peuvent acquérir le titre d'élèves réguliers, mais à cet effet, ils doivent alors subir avec succès, et dans les mêmes conditions que les Français, toutes les épreuves du concours d'admission. Toutefois, et quel que soit leur classement à la suite du concours, ils ne peuvent prétendre, à l'Ecole de Grignon et à celle de Montpellier, qu'au régime de l'externat.

Emploi du temps

A Grignon, en dehors des heures prévues à l'emploi du temps, l'élève est libre. Quelquefois, il reste à l'étude ; plus souvent, il va travailler au Cercle. Le Cercle des élèves mérite une mention spéciale. Créé en 1854, il est administré par les élèves, sous la haute surveillance du Directeur. Le Président du Cercle, nommé par ses camarades, est en même temps leur représentant auprès de l'administration. Au cercle, l'abonné qui paie une cotisation de 15 fr. par an trouve des volumes variés avec lesquels il complète ses cours, il lit les journaux et revues agricoles et autres. (A signaler aussi la salle de jeux (billard) administrée par les élèves, une installation complète pour les exercices de gymnastique, une société pour le football, etc.).

Quand il dispose de quelques instants, l'élève se dirige volontiers vers la ferme: il s'occupe du service spécial qui lui a été confié, visite et examine les divers animaux, et recueille ainsi peu à peu mille observations dont il tirera parti, soit pour ses cours, soit après sa sortie de l'Ecole.

Enfin, le parc est constamment ouvert aux promenades des Grignonnais. C'est un ravissement pour le jeune homme qui arrive à Grignon, que de sentir devant lui l'espace libre : de vieux murs existent autour de cet enclos de fraîcheur, et de Chantepie au Fond de Thiverval, de la Défonce à Folleville, le jeune élève circule. Il ne se soucie pas encore des diverses plantes que l'on cultive çà et là, il a soif d'espace et il raconte des impressions de quasi-explorateur quand il a foulé les houblons et clématites de la Laverie.

C'est un enseignement permanent et des plus efficaces que l'élève plus ancien trouve tous les jours dans ses excursions dans le parc : ici, on suit un employé à la ferme dans son travail, là se développent des récoltes dont on examine la végétation ; un autre jour, ce sera la chasse aux insectes à fixer dans la boîte, la course aux plantes que l'herbier réclame. Cette seconde phase est l'époque des rapports de services ; on note de-ci, de-là, et les cahiers commencent à s'empiler dans la case à l'étude.

C'est bientôt enfin la promenade plus calme, il ne reste plus un coin de bois qui n'ait été exploré, et si l'élève de 3e année regarde l'ouvrier qui prépare la terre pour la semaille prochaine, ses yeux vont plus loin, ils devinent la ferme où se feront ses débuts dans la vie. Dans le parc, on rencontre des groupes qui devisent gravement ; l'heure des préoccupations a sonné, et dans ces grandes allées où depuis 30 ans d'autres Grignonnais se sont promenés tour à tour gais et bruyants, soucieux et songeurs, ils viennent, les futurs ingénieurs agricoles, cueillir une pensée qui les guidera dans le choix et la recherche d'une situation.

L'externe habite au hameau de Grignon, plus rarement aux Petits-Prés (près de la gare) ou à Thiverval (de l'autre côté du parc). Quelques hôtels se sont installés le long de la route qui descend à l'École ; des habitants du pays louent des chambres ; des petits chalets plus coquets ont été construits récemment. Les repas se prennent fréquemment par groupes organisés en mess.

Aux heures de cours, d'applications ou d'examens, l'élève externe descend à l'École. Autrefois, on signait une feuille de présence chez le concierge : depuis quelques années, le pointage a lieu à l'amphithéâtre.

Quant aux auditeurs libres, ils mènent à peu près la même existence que les externes : ils sont astreints à suivre les cours pour lesquels ils se sont fait inscrire, mais ils ne passent pas d'examen et ne reçoivent aucun titre à leur départ de l'École.

Le règlement de l'École détermine les congés et vacances que peuvent obtenir les élèves : ceux-ci sont libres tous les dimanches et ont la faculté de partir dès le samedi soir. Les grandes vacances commencent vers le 14 juillet et la rentrée en deuxième année et troisième année lieu le jeudi qui suit le deuxième lundi d'octobre.

Pendant les vacances, les Élèves sont astreints à la rédaction de rapports variés : en première année, un rapport d'agriculture générale ; en deuxième année, un travail sur une culture spéciale. D'autre part, les élèves ont le choix entre diverses matières enseignées pour rédiger un rapport supplémentaire et obligatoire. Enfin, un rapport doit être fait sur une industrie agricole pour le cours de technologie. en troisième année. Ces différents rapports sont cotés suivant la même notation que les examens et les éléments ainsi obtenus entrent dans l'établissement des moyennes.

A Montpellier, le régime intérieur est sensiblement le même qu'à Grignon avec cette différence que les excursions dans les vignobles de la région tiennent une place plus importante que celles purement agricoles.

Quant à l'École de Rennes, voici comment est réglé l'emploi du temps :

PREMIÈRE ANNÉE

Lundi. Cours : Génie rural 8 h. ½), Sylviculture (10 h.), Agriculture (14 h. ½). Chimie (16 h.). Exercices pratiques : Agriculture ½ promotion, Génie rural ½ p. (13 h.).

Mardi. -- Cours : Génie rural (8 h. ½). Sylviculture (10 h.). Agriculture 14 h. ½), Chimie (16 h.). Exercices pratiques : Sylviculture ou travaux de culture ½ p., Physique ½ p. (13 h.).

Mercredi. Cours : Zootechnie (8 h. ½). Physique (10 h.). Conférences : Zoologie ou Hygiène (16 h.) jusqu'au 1er janvier. Exercices pratiques : Botanique, Chimie ½ p. (13 heures).

Jeudi. Cours : Zootechnie (8 h. ½), Physique (10 h.). Exercices pratiques : examens particuliers, de 13 h. à 17 h.

Vendredi. -- Cours : Economie (8 h. ½). Botanique (10 h.). Conférences : Génie rural (1° à 14 h., 2° à 16 h.). Exercices pratiques : Zootechnie ½ p., Horticulture ½ p., Travaux de culture 1/4 p. (14 h. ½).

Samedi. -- Cours : Economie (8 h. ½), Botanique (10 h.). Exercices pratiques : Botanique ½ p. (13 h.), Economie (16 h.).

DEUXIÈME ANNÉE

Lundi. -- Cours : Sylviculture (8 h. ½). Génie rural (10 h.). Chimie (14 h. 3/4), Agriculture (16 h.). Exercices pratiques : Chimie ou Technologie (13 h.).

Mardi. Cours : Agriculture (8 h. ½), Génie rural (10 h.), Chimie (14 h. 3/4), Sylviculture (16 h.). Exercices pratiques : Agriculture ½ p., Génie rural ½ p. (13 h.).

Mercredi. -- Cours : Minéralogie (8 h. ½), Zootechnie (10 h.). Conférences : Zootechnie (14 h. 3/4), Technologie ou Hygiène (16 h.) jusqu'au premier janvier. Exercices pratiques : Zootechnie ½ p., Sylviculture ou Travaux de culture ½ p. (13 h.).

Jeudi. Cours : Minéralogie (8 h. ½), Zootechnie (10 h.). Exercices pratiques : Examens particuliers, de 13 h. à 17 h.

Vendredi. -- Cours : Technologie (8 h. ½), Economie (10 h.), Botanique (16 h.). Exercices de botanique ½ p. (13 h.).

Samedi. -- Cours : Technologie (8 h. ½), Economie (10 h.), Botanique (17 h.). Exercices pratiques : Travaux de culture ½ p., Physique ½ p. (13 h.), Economie (14 h. 3/4).

Prix de la pension. — Frais divers.

Le prix de la pension dans les Écoles nationales d'Agriculture est fixé ainsi qu'il suit :

Internes .... 2.800 fr. par an
Demi-internes .... 1.800 fr. par an
Externes (élèves libres ou
  élèves réguliers ..... 800 fr. par an
Auditeurs libres .... 800 fr. par an

Le payement de la pension des élèves, des des élèves libres doit être effectué, par termes et d'avance, dans la caisse de l'établissement.

Tous les élèves payants ou jouissant d'une bourse sont tenus de verser, au commencement de chaque année, indépendamment du prix de la pension et à titre de dépôt, une somme de 80 fr. destinée à faire face aux dépenses occasionnées par leurs frais d'excursion et par le remplacement des objets détruits ou détériorés par leur faute. Ce versement a lieu entre les mains de l'agent comptable de l'École.

Tous les élèves sont obligés de se procurer, à leurs frais, les effets du trousseau ainsi que les livres et instruments nécessaires à leur instruction.

Bourses, remises de pension et dispenses de payement de la rétribution scolaire

Une somme de 15.000 francs est affectée par année d'études, et dans chacune des Ecoles nationales d'agriculture, à l'entretien d'élèves internes ou de demi-internes.

Outre les bourses de l'État, l'École peut recevoir des bourses des départements, des communes, des syndicats, sociétés, etc.

Elles sont attribuées par le Ministre de l'Agriculture, en tenant compte des affectations spéciales qui peuvent être indiquées par les donateurs.

Les élèves internes qui ont obtenu une bourse ou fraction de bourse sont dispensés de payer le prix de la pension pour une somme égale au montant de la bourse qui leur a été accordée.

À l'École de Rennes, où il n'est reçu que des élèves externes, tout élève boursier, outre qu'il est dispensé de l'obligation de payer le prix de la pension reçoit, pour aider à son entretien, une somme qui peut aller jusqu'à 1.200 francs pour l'année scolaire, et qui lui est payée en dix mensualités.

Ces bourses et remises de pension sont d'un chiffre variable ; elles sont accordées au moment de l'entrée à l'école et ne sont données en

principe que pour une année scolaire ; mais mais elles sont maintenues aux élèves qui continuent à s'en rendre dignes par leurs progrès et leur conduite. Elles peuvent être retirées au cours de l'année par mesure disciplinaire.

Indépendamment des internes ou demi-internes bénéficiaires d'une bourse ou d'une remise de pension, dix élèves par année d'études peuvent être, dans chacune des Ecoles, dispensés du payement de la rétribution scolaire, soit 600 francs, si l'élève est externe.

Des bourses peuvent encore être accordées au titre de « *Pupilles de la Nation* ».

Les demandes de bourse, remise de pension ou dispense du payement de la rétribution scolaire, écrites sur papier timbré, sont adressées au Ministre *par l'intermédiaire du préfet du département dans lequel réside la famille du candidat*. Elles doivent être accompagnées de renseignements détaillés sur les moyens d'existence, le nombre d'enfants et les autres charges des parents, ainsi que d'un relevé du rôle des contributions. Le préfet soumet le dossier de chaque demande au conseil municipal, qui prend une délibération à ce sujet. Ce dossier est ensuite transmis au Ministre de l'Agriculture avec la délibération motivée du conseil municipal et l'avis du préfet. *Ces diverses justifications sont exigées de tous les candidats aux bourses sans exception.*

Les demandes de bourses ou de dispenses doivent être parvenues au préfet *avant le 15 juillet*, pour être transmises au Ministre *avant le 15 août*.

Trousseau

Les élèves internes doivent être munis d'un trousseau en bon état composé des objets suivants :

Un couvert ; huit chemises ; douze paires de chaussettes ; dix-huit mouchoirs de poche ; douze serviettes de toilette ; six serviettes de table ; quatre blouses d'uniforme ; un chapeau de paille ; une casquette d'uniforme ; trois paires de fortes chaussures ; trois paires de drap de 3 m. 30 sur 2 mètres.

Chaque élève interne, demi-interne, ou externe, régulier ou libre, doit se procurer à ses frais :

Un chalumeau et un fil de platine ; un marteau et un ciseau de minéralogiste ; une boîte de botaniste et matériel d'herbier ; une loupe ; une trousse de micrographie comprenant un rasoir histologique à face plane, un fort scalpel, une pince fine et des aiguilles à dissection emmanchées ; des cahiers d'un modèle obligatoire pour les notes et rédactions, ainsi que les instruments et accessoires de dessin dont la liste lui sera donnée, dès son entrée à l'Ecole, par le professeur chargé de cette partie de l'enseignement.

Une paire de draps et quatre serviettes seront abandonnés par l'élève à sa sortie de l'établissement pour le service de l'infirmerie.

Discipline

Les mesures disciplinaires qui peuvent être appliquées aux élèves, aux externes libres, aux auditeurs libres et aux élèves étrangers sont :

1° L'avertissement prononcé par le Directeur ;

2° Le blâme prononcé par le Directeur ;

3° L'exclusion temporaire, prononcée pour un an au plus par le Directeur, après avis du conseil des professeurs de l'Ecole ;

4° L'exclusion définitive prononcée dans les mêmes conditions.

Dans les cas graves et s'il y a urgence, le Directeur peut également prononcer l'exclusion immédiate et provisoire d'un élève. Il en est rendu compte au Conseil des professeurs de l'Ecole qui formule son avis à la suite duquel le Directeur prononce l'exclusion temporaire ou définitive.

Notification des mesures disciplinaires prononcées est faite aux élèves et à leurs parents. Il est rendu compte immédiatement au ministre de l'Agriculture des exclusions prononcées à quelque titre que ce soit.

En cas d'exclusion temporaire ou définitive prononcée contre un élève ou un auditeur libre, celui-ci, dans un délai de quinze jours francs à dater de la notification, peut adresser un recours contre cette décision au ministre de l'Agriculture qui statue après avis du conseil de l'Inspection générale de l'Agriculture.

Le règlement intérieur de chaque Ecole nationale d'agriculture est arrêté par le Ministre, sur la proposition du directeur de l'Ecole, et après avis du Conseil de l'Inspection générale de l'Agriculture.

Service médical

Tout élève malade est, sur la proposition du médecin de l'Ecole, envoyé à l'infirmerie pour y être soigné. Si la maladie paraît devoir être grave et de longue durée, l'élève peut être remis à sa famille.

Congés. — Vacances.

Il est expressément défendu aux élèves internes de s'absenter de l'Ecole sans en avoir préalablement obtenu l'autorisation.

Les dimanches et jours de fête sont, en dehors des vacances, les seuls jours de congé.

Il peut être délivré des congés de quinze jours au plus, par le directeur, aux élèves que le mauvais état de leur santé, constaté par l'avis motivé du médecin de l'Ecole, ou des affaires indispensables appellent dans leurs familles.

Le Ministre accorde, s'il est besoin, des congés de plus longue durée sur le vu d'un certificat du médecin, régulièrement légalisé, pour le premier cas, et sur une attestation authentique de l'autorité locale pour le second.

Toute demande de prolongation de congé doit être adressée au directeur, qui la transmet au Ministre avec son avis.

L'élève qui ne rentre pas, à l'expiration des vacances, d'un congé ou d'une prolongation de congé est considéré comme démissionnaire.

Examens. — Bulletin semestriel.

Le travail et les progrès des élèves sont constatés :

1° Par des interrogations hebdomadaires faites par les répétiteurs et par l'appréciation de tous les travaux et exercices pratiques des élèves ;

2° Par des examens généraux effectués par les professeurs à la fin de chaque cours ou d'un ensemble de cours.

Chaque semestre, un *bulletin* est envoyé par le directeur de l'Ecole aux parents des élèves. Ce bulletin contient les notes obtenues par l'élève pendant le semestre qui vient de s'écouler, ainsi que l'appréciation du directeur sur son travail et sa conduite.

Tout élève qui, à la fin de la première année, n'obtient pas une moyenne suffisante ne peut passer dans la deuxième année.

Sanction des études. — Diplôme. — Certificat.

A la fin de leurs études, les élèves réguliers qui ont satisfait à toutes les épreuves exigées par le règlement reçoivent le *diplôme d'Ingénieur agricole* prévu par la loi du 2 août 1918.

Les élèves réguliers qui, sans avoir obtenu de diplôme, ont fait preuve cependant de connaissances suffisantes et d'un travail satisfaisant peuvent obtenir un *certificat d'études*.

Les auditeurs libres ne peuvent obtenir ni le diplôme ni le certificat d'études, mais les étrangers admis comme externes libres reçoivent, lorsqu'ils le méritent et comme il est indiqué plus loin, un *certificat* tenant lieu de diplôme d'ingénieur agricole et qui leur est délivré par le Ministre.

Les diplômes et certificats sont distribués, conformément aux dispositions de l'article 8 du décret du 23 juin 1920, sur la proposition du Conseil des professeurs.

Chaque année, les trois élèves sortis les premiers de leur promotion peuvent obtenir : le premier, une médaille d'or ; le deuxième, une médaille d'argent ; le troisième, une médaille de bronze. En outre, les deux élèves sortis les premiers , lorsqu'ils sont de nationalité française, peuvent être autorisés à accomplir, aux frais de l'Etat, un stage de deux ans dans des exploitations agricoles publiques ou privées, ou encore, dans une ou plusieurs sections d'applications prévues par la loi du 2 août 1918, à l'effet de compléter leur instruction pratique.

Sections d'application

A leur sortie des Ecoles nationales d'Agriculture, les élèves diplômés peuvent compléter leur instruction professionnelle et se spécialiser dans des sections d'application qui fonctionnent soit dans l'Ecole elle-même, soit au ministère de l'agriculture, soit encore dans les centres d'expérimentation.

Ces sections d'applications sont les suivantes :

A. — Ecole de Grignon

a. Section des *cultures industrielles et des industries de transformation des produits agricoles de la région parisienne.*

B. — Ecole de Montpellier

a. Section de *viticulture et d'œnologie ;*
b. Section des *cultures et industries méridionales.*

C. — Ecole de Rennes

a. Section des *industries laitières ;*
b. Section de *pomologie et de cidrerie.*

Il peut être créé, en outre, d'autres sections, suivant les besoins du service.

D'autre part, les élèves diplômés des Ecoles nationales d'Agriculture ont accès à la moitié des places disponibles dans les sections d'application de l'Institut agronomique :

a) Section d'*enseignement agricole,* pour la préparation des candidats au professorat d'Agriculture et d'Horticulture ;

b) Section d'*Agriculture* pour la formation des agriculteurs exploitants et des Directeurs de grands domaines ;

c) Section des *Sciences physiques, chimiques et naturelles,* pour la formation des spécialistes dans les applications de ces sciences à l'agriculture et à l'industrie agricole ;

d) Section de la *Mutualité* et de la *Coopération agricoles* pour la formation des Directeurs de syndicats, de caisses de crédit et d'assurances et de sociétés coopératives agricoles ;

e) Section de *Mécanique agricole* pour la formation des spécialistes dans les applications de cette science à l'Agriculture et à l'Industrie agricole.

CONDITIONS D'ADMISSION
AUX ECOLES

Demandes d'admission. — Conditions d'âge. — Pièces à fournir.

a) Elèves réguliers

L'admission des élèves a lieu par voie de concours.

Les candidats doivent être âgés de dix-sept ans accomplis au premier octobre de l'année du concours. *Il n'est jamais accordé de dispense d'âge.*

Les épreuves du concours sont écrites et orales. Les épreuves écrites sont *éliminatoires.*

Les demandes d'admission doivent êtres écrites sur *papier timbré* et adressées au Ministre de l'Agriculture avant le premier juin, *délai de rigueur.* Elles seront rédigées par les candidats conformément à cette formule :

« Je, soussigné (*nom, prénoms du candidat*)....., né à.,. le..., ai l'honneur de solliciter de M. le Ministre de l'Agriculture, mon inscription sur la liste des candidats aux Ecoles nationales d'agriculture de Grignon, de Rennes et de Montpellier.

« En conséquence, outre que j'ai joint à la présente demande *les différentes pièces* exigées par le règlement, j'ai mentionné sur cette demande, conformément aux indications du programme officiel, et dans l'ordre qu'il prévoit, les renseignements qui suivent :

En cette partie de la demande, les candidats porteront indications, *exactement dans* l'ordre prévu, de tous les renseignements qui suivent :

1° L'adresse à laquelle ils désirent recevoir les convocations et avis concernant les examens ;

2° L'adresse de leurs parents ;

3° Les centres qu'ils choisissent pour subir l'examen écrit et l'examen oral ;

4° Les écoles qu'ils choisissent (inscrites l'ordre de préférence) ;

5° Les régimes qu'ils choisissent — internat, demi-internat ou externat — inscrits dans l'ordre de préférence ;

6° L'indication des titres et diplômes qu'ils ont déjà obtenus.

Les demandes ainsi rédigées seront suivies de la signature des postulants et de la date de la rédaction. *Toutefois, les candidats boursiers devront, avant de signer et dater, faire mention de la déclaration suivante :*

« Enfin je déclare avoir adressé au préfet de mon département, pour qu'elle soit transmise à M. le Ministre de l'Agriculture, après enquête réglementaire, une demande de bourse de l'Etat. »

Les demandes d'admission doivent être accompagnées :

1° De l'acte de naissance du candidat *dans la forme légale* ;

2° D'un certificat de moralité dûment légalisé et délivré par le chef de l'établissement dans lequel le candidat a accompli sa dernière année d'études, ou, à défaut, par le maire de sa dernière résidence ;

3° D'un certificat de médecin dûment légalisé et attestant que le candidat a eu la petite vérole ou a été vacciné depuis moins de trois ans ;

4° Des diplômes dont le candidat est titulaire ou des copies authentiques de ces diplômes ;

5° L'une obligation, *dûment légalisée*, souscrite, sur papier timbré, par les parents, le tuteur ou le protecteur du candidat, pour garantir le payement de la pension pendant tout le temps de son séjour à l'Ecole.

Cette obligation doit être produite, même lorsqu'une demande de bourse est faite en faveur du candidat.

Elle sera rédigée ainsi qu'il suit :

Je, soussigné (*noms et prénoms et domicile*), m'engage à payer d'avance la pension de (*titre de parenté ou de liaison du jeune homme ; — ses nom, prénoms et domicile*) dans l'Ecole d'agriculture où il sera admis comme élève (1), interne, demi-interne, externe, à raison de : 2.800 fr. (internes) ; 1.800 fr. (demi-internes) ; 800 fr. (externes), par an.

Je paierai chaque année cette somme ainsi qu'il suit :

Le 15 octobre, le premier janvier et le premier avril : (Le montant de chaque versement est précisé par l'administration).

A défaut du payement de cette pension aux époques ci-dessus indiquées, je m'expose à ce que le recouvrement en soit poursuivi conformément à l'article 54 de la loi du 13 avril 1898.

Pour les candidats étrangers, l'obligation relative au payement de la pension doit être souscrite par une personne notoirement solvable, parent ou correspondant résidant en France. Cette obligation constitue le signataire personnellement responsable du payement de la pension.

Le nombre des élèves à admettre, dans chaque Ecole, à la suite du concours, est fixé chaque année par arrêté ministériel.

b) Élèves externes libres

Comme il a été déjà dit, les étrangers seuls peuvent être admis en qualité d'élèves externes libres. A cet effet, ils doivent adresser au Ministre de l'Agriculture, au plus tard le premier août de l'année durant laquelle ils commenceront leurs études, une demande spéciale rédigée sur feuille de papier timbré de l'Etat français à 2 francs. Outre cette demande, ils sont tenus de produire les mêmes pièces que les candidats aspirant au titre d'élève régulier, *ainsi qu'un certificat émanant de leur agent diplomatique en France et constatant qu'ils sont en règle avec les autorités de leur pays.*

Enfin, ils ont à compléter ce dossier par l'adjonction des pièces officielles établissant leurs titres scientifiques. Les dites pièces seront accompagnées d'une traduction authentique.

Leur admission est prononcée par le Ministre, sur l'examen de ces pièces. Ils sont astreints à subir, en cours d'études, toutes les épreuves théoriques ou pratiques auxquelles sont soumis les élèves réguliers. Ils obtiennent en fin d'études, s'ils le méritent, un certificat constatant qu'en raison des épreu-

(1) Indiquer en quelle qualité le candidat demande à entrer à l'Ecole et souscrire en conséquence le prix de la pension.

ves qu'ils ont subies en cours d'études et des notes qui leur ont été délivrées. Ils auraient effectivement obtenu le diplôme d'ingénieur agricole s'ils avaient été admis au titre d'élèves réguliers. Ce certificat, tenant lieu de diplôme d'ingénieur agricole, leur est délivré par le Ministre.

Ceux de ces élèves étrangers qui, en cours d'études, subissent avec succès les épreuves du concours d'admission et acquièrent ainsi la qualité d'élève régulier sont tenus de recommencer leurs études pour avoir droit au titre d'ingénieur agricole.

c) AUDITEURS LIBRES

Les auditeurs libres ne peuvent être admis qu'au commencement de chaque semestre d'études (octobre et avril), sur la proposition du directeur de l'Ecole et l'agrément du Ministre.

Leur demande peut se faire par simple lettre adressée au directeur de l'Ecole.

Pièces à produire : acte de naissance, certificat de moralité et obligation du payement du droit d'inscription de 300 francs.

Cette obligation, dûment légalisée, sera rédigée ainsi qu'il suit, sur feuille de papier timbré à 2 francs :

« Je, soussigné (*nom, prénoms et domicile*), m'engage à payer d'avance le droit d'inscription de (*titre de parenté ou de liaison du jeune homme, ses nom, prénoms et domicile*) à l'Ecole nationale d'agriculture de (*nom de l'Etablissement*) où il sera admis comme auditeur libre, à raison de trois cents francs par an.

« Je payerai cette somme en trois termes, ainsi qu'il suit :

« Le 15 octobre ; le premier janvier ; le premier avril. (Le montant de chaque versement est précisé par l'administration.)

« A défaut du payement de ce droit aux époques ci-dessus indiquées, je m'expose à ce que le recouvrement en soit poursuivi conformément à l'article 54 de la loi du 13 avril 1898. »

Pour les auditeurs étrangers, l'obligation relative au payement du droit d'inscription doit être souscrite par une personne notoirement solvable, parent ou correspondant résidant en France. Cette obligation constitue le signataire personnellement responsable du payement de la pension.

Nature des épreuves. — Durée. — Coefficient.

Les épreuves du concours d'admission sont écrites et orales.

Examen écrit

Les épreuves écrites sont éliminatoires. Elles ont leur valeur déterminée par les coefficients mentionnés ci-dessous. Elles sont au nombre de six, savoir :

1er jour : 1° une composition de mathématiques (solution d'une question d'arithmétique et d'une question de géométrie ou de deux questions de géométrie). (Durée 3 heures, *coeff.* 1) ;

2° Une composition française. (Durée, 3 heures, *coeff.* 1) :

2e jour : 3° Une composition de mathématiques (solution d'une question de mécanique et et d'une question d'algèbre ou de trigonométrie). (Durée, 3 heures, *coeff.* 1/2 :

3e jour : 4° Une composition de physique et et de chimie. (Durée, 3 heures, *coeff.* 1) :

5° Une composition de sciences naturelles. (Durée, 3 heures, *coeff.* 1) ;

6° Un croquis coté. (Durée, 2 heures, *coeff.* 1/2).

Examen oral

Les épreuves orales sont au nombre de trois, savoir :

Une épreuve de mathématiques, *coeff.* 1 ; une épreuve de physique et de chimie, *coeff.* 1 ; une épreuve de sciences naturelles, *coeff.* 1.

CONDITIONS DANS LESQUELLES SE PASSE LE CONCOURS

Centre des examens. — Exécution des épreuves.

Les convocations aux examens sont faites par les soins du Ministre de l'Agriculture.

a) *Epreuves écrites*

Les épreuves écrites ont lieu dans les villes ci-après désignées, au choix des candidats :

Alger, Avignon, Bordeaux, Chaumont, Limoges, Lyon, Nevers, Paris, Rennes, Toulouse et Tours.

Un avis inséré au *Journal Officiel* en fait connaître chaque année la date exacte.

L'épreuve de dessin consiste en la reproduction à main levée sans l'aide de règle, équerre ou compas, et dans un cadre de dimensions déterminées, d'un dessin établi à une autre échelle, d'après un objet simple, tel que : palier, chaise, manivelle, wagonnet pour le transport des matériaux, ou tout autre pouvant offrir quelque intérêt aux agriculteurs.

Les candidats devront reproduire à l'encre rouge les lignes de cotes du modèle remis à chacun d'eux et à l'encre de Chine les lignes de ce modèle, lettres, chiffres, signes ou autres indications qu'il pourra présenter.

b) *Épreuves orales*

Les épreuves orales sont subies par les candidats reconnus admissibles à la suite des épreuves écrites, à leur choix, dans l'une des quatre ville ci-après : *Paris, Angers, Toulouse, Lyon.*

Le programme des matières sur lesquelles portent les épreuves écrites et orales est donné plus loin.

Les notes attribuées, tant pour les compositions écrites que pour les épreuves orales, sont exprimées d'après l'échelle de 0 à 20.

Majorations

a) *Pour possession de diplômes*

Les divers titres des candidats leur assurent les points suivants :

Diplôme de licencié ès sciences, 20 points ;
Diplôme des Écoles nationales vétérinaires, 15 points ;
Diplôme de licencié ès lettres ou en droit, 15 points ;
Certificat d'études physiques, chimiques et naturelles (P. C. N.), 15 points ;
Diplôme de l'École nationale d'horticulture de Versailles ou de l'École nationale des industries agricoles de Douai, 10 points ;
Diplôme des Écoles d'agriculture dans les conditions prévues par la loi du 2 août 1918 (art. 5) (1), 7 points ;
Certificat des fermes-écoles, 3 points ;
Diplôme de bachelier (2) : un seul, 10 points ; plusieurs, 12 points ;

Certificat relatif à la première partie des épreuves d'un baccalauréat (2), 6 points ;
Brevet supérieur de l'enseignement primaire (2), 6 points ;
Certificat d'études secondaires du 1er degré (2), 4 points ;
Brevet d'études primaires supérieures (2), 3 points ;
Brevet élémentaire de l'enseignement primaire (2), 2 points.

Le cumul de ces divers titres n'est admis que jusqu'à concurrence de 20 points.

Il est de même tenu compte aux candidats de nationalité étrangère aspirant au titre d'élèves réguliers des diplômes obtenus par eux dans les universités ou établissements d'enseignements de leur pays. Le nombre des points attribués — lequel ne peut, en aucun cas, dépasser 20 — est fixé d'après l'équivalence de ces titres ou diplômes étrangers avec les titres ou diplômes similaires français.

Les membres du jury d'examen sont nommés par le Ministre de l'Agriculture.

b) *Pour le service de guerre*

Une majoration de 15 % au maximum du du nombre total des points obtenus dans les concours d'admission aux Écoles Nationales d'Agriculture, a été accordée en 1921 *aux candidats militaires* qui ont été mobilisés avant l'armistice et pour la période à compter du jour de leur mobilisation jusqu'au jour de la signature de l'armistice.

Postérieurement à cette date, ce bénéfice sera également maintenu aux candidats militaires qui auront fait partie de missions militaires à l'étranger, ou auront tenu garnison soit en Alsace et Lorraine soit dans les pays occupés.

Ne pourront par contre, prétendre à ces majorations les candidats militaires appelés sous les drapeaux postérieurement à l'armistice et ne remplissant pas les conditions énoncées à l'alinéa précédent.

Les intéressés devront joindre à leur demande d'admission au concours un état certifié par l'autorité militaire indiquant :

1° Le nombre de mois de présence sous les drapeaux à l'intérieur avant l'armistice ;

2° Le nombre de mois de présence aux armées avant l'armistice ;

---

(1) Extrait de la loi du 2 août 1918, art. 5 :
« Les élèves diplômés des Écoles d'agriculture bénéficieront au concours d'entrée aux Écoles nationales d'une majoration de points égale à 10 p. 100 du montant total maximum des points prévus au programme. »
(2) Le brevet supérieur, le brevet élémentaire, le certificat d'études secondaires du 1er degré et le brevet d'étu- des primaires supérieures ne se cumulent pas entre eux ni avec les diplômes ou certificats relatifs aux baccalau- réats.

3° Le nombre de mois passés après l'armistice, dans les pays occupés ou pour l'exécution d'une mission spéciale à l'étranger.

Les candidats Français nés en Alsace et Lorraine ou y résidant subiront les mêmes épreuves que les candidats Français, mais ils seront classés entre eux. Il leur sera réservé sur la liste d'admission un nombre de places qui sera au minimum tel qu'il y ait proportionnalité, pour ces deux catégories, entre le nombre de candidats reçus et le nombre de candidats qui se seront présentés.

Classement des candidats. —
Admission aux écoles

Les notes attribuées aux épreuves écrites et aux épreuves orales sont totalisées et augmentées, s'il y a lieu, de la note attribuée aux titres. Le nombre définitif des points ainsi obtenus sert à établir par ordre de mérite la liste des candidats.

Les candidats reçus sont informés de leur admission par les soins du Ministre de l'Agriculture. Ils doivent être rendus dans l'Ecole à laquelle ils appartiennent *le deuxième lundi d'octobre*, avant 2 heures du soir.

Les pièces que les candidats refusés ont produites à l'appui de leur demande d'admission sont retournées au *domicile de ces candidats par l'intermédiaire de l'Administration municipale*.

Quant aux pièces fournies par les candidats admis, elles sont adressées au directeur de l'Ecole à laquelle le candidat a été affecté.

PROGRAMME DES CONNAISSANCES EXIGÉES

Les épreuves du concours d'admission portent sur les connaissances énumérées dans les programmes ci-après:

1° Arithmétique

Numération décimale.

Les quatre opérations sur les nombres entiers.

Caractères de divisibilité par 2, 3, 5, 9 et 11.

Définition des nombres premiers et des nombres premiers entre eux. — Marche à suivre pour décomposer un nombre en ses facteurs premiers (aucun développement théorique). — Formation du plus grand nombre commun diviseur et du plus petit commun multiple de plusieurs nombres.

Fractions ordinaires. — Simplification d'une fraction. — Réduction de plusieurs fractions au même dénominateur. — Opérations sur les fractions. — Nombres décimaux. — Opérations. —

Conversion d'une fraction ordinaire en fraction décimale. — Fractions périodiques.

Carré et racine carrée d'un nombre entier, d'un nombre décimal.

Système métrique.

Rapport de deux nombres. — Egalité de deux rapports ou proportions.

Question d'intérêt et d'escompte ; formules pour les résoudre. — Notions sur les intérêts composés.

Progressions. — Logarithmes et usages des tables.

2° Algèbre

Opérations algébriques (on ne parlera pas de la division des polynômes).

Equations du premier degré à une et à plusieurs inconnues. — Exercices numériques.

Equations du second degré à une inconnue. — Application à quelques problèmes d'arithmétique et de géométrie.

3° Géométrie

1. *Géométrie plane.* — Ligne droite et plan. — Ligne brisée. — Ligne courbe. — Angle. — Angle droit.

Triangle. — Cas d'égalité les plus simples. — Propriétés du triangle isocèle. — Cas d'égalité des triangles rectangles.

Lieu géométrique des points équidistants de deux points. — Lieu géométrique des points équidistants de deux droites qui se coupent.

Droites parallèles. — Somme des angles d'un triangle; d'un polygone. — Propriété des parallélogrammes.

De la circonférence; du cercle. — Dépendance mutuelle des arcs et des cordes, des cordes et de leur distance au centre. — Tangente au cercle. — Intersection et contact de deux cercles.

Mesure des angles. — Angle inscrit.

Usage de la règle et du compas dans les constructions sur le papier. — Tracé des perpendiculaires et des parallèles; usage de l'équerre.

Evaluation des angles en degrés, minutes et secondes ou en grades. — Rapporteur.

Problèmes élémentaires sur la construction des angles et des triangles. — Mener une tangente à un cercle par un point extérieur. — Mener une tangente à un cercle parallèlement à une droite donnée. — Mener une tangente commune à deux cercles. — Décrire sur une droite donnée un segment capable d'un angle donné.

Mesure des aires. — Aires du rectangle, du parallélogramme, du triangle, du trapèze, d'un polygone quelconque. — Théorème du carré construit sur l'hypoténuse d'un triangle rectangle. — Nombreuses applications numériques.

Lignes proportionnelles.

Polygones semblables. — Conditions de similitude des triangles. — Rapport des périmètres des polygones semblables.

Relations entre la perpendiculaire abaissée du sommet de l'angle droit d'un triangle rectangle sur l'hypoténuse, les segments de l'hypoténuse, l'hypoténuse elle-même et les côtés de l'angle droit.

Théorème relatif au carré du nombre qui exprime la longueur du côté d'un triangle opposé à un angle droit, aigu ou obtus.

Théorème relatif aux sécantes du cercle issues d'un même point.

Problèmes: diviser une droite donnée en parties égales, en parties proportionnelles à des longueurs données. — Trouver une quatrième proportionnelle à trois longueurs données, une moyenne proportionnelle à deux longueurs données — Construire sur une droite donnée un polygone semblable à un polygone donné.

Polygones réguliers. — Leur inscription dans le cercle: carré, hexagone.

Moyen d'évaluer le rapport approché de la circonférence au diamètre. — Applications.

Aire d'un polygone régulier. — Aire d'un cercle, aire d'un secteur circulaire.

Rapport des aires de deux figures semblables

II. *Géométrie dans l'espace.* — Du plan et de la ligne droite.

Angles dièdres.

Angles trièdres.

Des polyèdres. — Prisme. — Parallélipipède. — Cube. — Pyramide. — Sections planes, parallèles, du prisme et de la pyramide.

Mesure des volumes. — Volume du parallélipipède, du prisme, de la pyramide, du tronc de pyramide à bases parallèles et du tronc de prisme triangulaire.

Cylindre droit à base circulaire. — Mesure de la surface latérale et du volume. — Extension aux cylindres droits à base quelconque.

Cône droit à base circulaire. - Sections parallèles à la base. — Surface latérale du cône, du tronc de cône à bases parallèles. — Volume du cône, du tronc de cône à bases parallèles.

Sphère. — Sections planes; grands cercles; petits cercles. — Pôles d'un cercle. — Etant donnée une sphère, trouver son rayon par une construction plane.

Aire de la zone, de la sphère entière. — Exercices.

Mesure du volume engendré par un triangle tournant autour d'un axe mené dans son plan par un des sommets. — Application au secteur polygonal régulier tournant autour d'un axe mené dans son plan et par son centre. — Volume du secteur sphérique, de la sphère entière, du segment sphérique. — Exercices. — Volume approché d'un solide limité par une surface quelconque.

III. *Courbes usuelles.* — Ellipse et parabole. — Définitions. — Tracés.

4° **Trigonométrie**

Principes fondamentaux. — Sinus, cosinus. — Tangente, cotangente. — Sécante, cosécante. — Formules d'addition, multiplication et division des arcs. — Résolution des triangles.

5° **Mécanique**

Principes fondamentaux :

Loi de Képler: Inertie. — Force.

Loi de l'indépnedance de l'effet d'une force et de l'état antérieur du corps.

Loi de l'indépendance des effets des forces qui agissent simultanément sur un même corps.

Loi de l'égalité de l'action et de la réaction.

1° *Statique:*

Composition des forces:

Forces de même direction.

Forces concourantes.

Forces parallèles.

Recherche des centres de gravité dans des cas simples: triangle ,trapèze, quadrilatère, prisme, pyramide.

Réduction des forces appliquées à un solide.

Moment des forces.

Conditions d'équilibre des solides gênés par un obstacle.

Machines simples: levier, poulies, treuil, moufles, cric, plan incliné.

2° *Cinématique:*

Mouvements:

Trajectoires. — Diagrammes.

Formules du mouvement uniforme et du mouvement uniformément varié.

Composition des mouvements.

3° *Dynamique :*

Effet d'une force constante sur un point matériel partant du repos.

Proportionnalité des forces aux accélérations. — Masse.

Définition du travail. — Unités. — Théorème des forces vives. - Principe de la transmission du travail dans les machines.

6° **Physique**

Pesanteur:

Poids des corps: direction commune aux poids de tous les corps en un lieu donné, point d'application, intensité.

Lois de la chute des corps: tube de Newton, appareil de Morin. --- Machine d'Atwood: effet d'une force constante sur un point matériel partant du repos et application à la chute libre des corps dans le vide. — Proportionnalité des accélérations aux forces appliquées à un même corps. — Masse.

Pendule. — Loi des petites oscillations. — Intensité de la pesanteur.

Unités de mesure: Système C. G. S. et système M. T. S. (Loi du 2 avril 1919 et décret du 26 juillet 1919).

Balance. — Justesse. — Sensibilité.

Divers états physiques de la matière.

Définition de la pression en un point d'un fluide en équilibre. — Vases communicants; distribution d'eau dans les villes, puits, jets d'eau — Principe de Pascal; presse hydraulique. — Force de pression sur le fond plan et horizontal d'un vase. — Résultante des forces de pression sur toute la paroi d'un vase. — Tourniquet hydraulique.

Principe d'Archimède. — Poids spécifiques et densités. — Aéromètres.

Pesanteur de l'air. Baromètres.

Loi de Mariotte. — Manomètres.

Machine pneumatique usuelle et machine usuelle de compression.

Pompes à liquides. — Siphon.

Aérostats.

Chaleur:

Dilatation des corps par la chaleur. — Température.

Construction et usage des thermomètres à mercure.

Notions sur les coefficients de dilatation des solides, des liquides et des gaz. — Leurs usages.

Densité des gaz; principe de la méthode de Regnault.

Notions sur la propagation de la chaleur par

conductibilité et par rayonnement. — Principaux résultats expérimentaux.

Thermie et calorie; frigorie. — Chaleur spécifique des solides et des liquides (méthode des mélanges).

Fusion et solidification par voie sèche et par voie humide. — Chaleur de fusion. — Mélanges réfrigérants.

Vaporisation dans un espace vide et dans un espace contenant un gaz. — Maximum de pression de la vapeur d'eau à diverses températures (méthode de Dalton).

Évaporation. — Ébullition. — Liquéfaction des gaz ou vapeurs. — Température et pression critique d'un fluide.

Chaleur de vaporisation: production du froid par la vaporisation.

État hygrométrique. — Principe de l'hygromètre à condensation; rosée. — Nuages et brouillards, pluie, neige, grêle, verglas.

Énoncé du principe de l'équivalence de la chaleur et du travail mécanique équivalent mécanique de la thermie. — Machine à vapeur; notions sur les moteurs à explosion.

Électricité et magnétisme:

Électrisation des corps. — Comparaison des quantités d'électricité. — Influence électrique. — Électroscope.

Potentiel d'un conducteur. — Comparaison des potentiels.

Capacité. — Condensateurs.

Courant électrique dans un fil reliant des conducteurs à des potentiels différents. — Résistance électrique. — Lois d'Ohm.

Sources d'électricité: électrophore; principaux modèles de piles.

Effets calorifiques et lumineux des courants: loi de Joule. — Four électrique, éclairage électrique.

Électrolyse: lois de Faraday. — Accumulateurs. — Galvanoplastie.

Unités électriques internationales: ohm, ampère, volt, coulomb.

Aimants naturels et artificiels. — Champ magnétique.

Champ magnétique terrestre; méridien magnétique. — Définitions de la déclinaison et de l'inclinaison.

Champ magnétique d'un courant: expérience d'Œrsted; loi d'Ampère. — Aimantation par les champs magnétiques; électro-aimants; principe du télégraphe électrique. — Principe de la machine Gramme employée comme récepteur.

Notions sur l'induction. — Principe du téléphone. — Emploi de la machine Gramme comme générateur. — Principe de la bobine de Ruhmkorff. — Oscillations électriques: notions sur la télégraphie sans fil.

Optique:

Propagation rectiligne de la lumière.

Lois de la réflexion. — Miroirs-plans.

Principales propriétés des miroirs sphériques.

Lois de la réfraction. — Lame à faces parallèles. — Déviation d'un rayon lumineux par un prisme.

Principales propriétés des lentilles. — Dioptrie.

7° Chimie

Corps simples et composés. — Analyse et synthèse chimiques.

Métalloïdes et métaux.

Lois des combinaisons chimiques.

Masses moléculaires et atomiques. — Nomenclature et notation chimiques. — Valence.

Cristallisation. — Polymorphisme. — Isomorphisme.

Hydrogène.

Oxygène. — Combustion, flamme.

Eau.

Azote. — Air atmosphérique.

Chlore. — Acide chlorhydrique.

Soufre. — Anhydride sulfureux. — Anhydride et acides sulfuriques. — Acide sulfhydrique.

Notions générales sur les oxydes de l'azote. — Acide azotique. — Ammoniaque.

Phosphore. — Anhydride et acides phosphoriques. — Phosphorure d'hydrogène.

Carbone. — Anhydride carbonique. — Oxyde de carbone.

Propriétés générales des carbures d'hydrogène. — Acétylène. — Méthane, pétroles. — Gaz d'éclairage.

Silices; verres.

Métaux en général. — Propriétés physiques générales. — Action de l'oxygène, de l'air sec, de l'air humide, de l'eau. — Classification.

Principaux oxydes et sulfures naturels. — Notions de métallurgie.

Sels binaires et ternaires: propriétés rurales. — Lois de Berthollet. — Eaux naturelles, eaux potables, eaux destinées aux usages domestiques.

Notions sur les composés du sodium (soude caustique, chlorure, sulfate, carbonate, nitrate); — sur les composés du potassium (potasse, salpêtre); — sur les composés du calcium (calcaires, chaux, mortiers, ciment, plâtre); — sur le carbonate d'ammonium et sa transformation naturelle en nitrate alcalin; — sur les composés de l'aluminium (alumine cristallisée, argile, kaolin, porcelaine, poteries); — sur le fer et le sulfate ferreux; — sur le cuivre, le sulfate de cuivre et ses applications en agriculture.

8° Zoologie

Notions élémentaires d'anatomie et de physiologie animales.

Appareils. — Organes. — Fonctions.

Modification des appareils et organes dans les animaux en général et en particulier chez les vertébrés.

Appareils de la digestion. — Aliments.

Appareils de la circulation. — Sang. — Cœur. — Artères. — Veines. — Vaisseaux lymphatiques.

Appareils de la respiration. — Poumons. — Branchies. — Chaleur animale. — Sécrétions.

Système nerveux. — Organe des sens.

Zoologie proprement dite. — Classification des animaux. — Embranchements ou types. — Classes. — Ordres. — Genres. — Espèces. — Races. — Variétés.

Vertébrés. — Organisation. — Squelette. — Division en classes.

Mammifères. — Caractères. — Ordres. — Animaux domestiques.

Oiseaux. — Caractères. — Classification. — Espèces domestiques.

Reptiles. — Leurs diverses formes.

Batraciens: métamorphoses.

Poissons.

Notions sur les mollusques. — Exemples.

Articulés. — Caractères. — Division en classes. — Insectes: leurs métamorphoses. — Exemples. — Insectes utiles. — Insectes nuisibles.
Notions sur les vers. — Exemples.
Notions sur les échinodermes. — Exemples.
Notions sur les cœlentérés. — Colonies animales. — Corail.
Notions sur les protozoaires. — Infusoires.

9° Botanique

Les végétaux. — Différence avec les animaux.
Notions élémentaires sur les organes et leurs fonctions.
1° Végétaux à fleurs et à graines. — Organes de la nutrition. — Racine, tige, feuille. — Organes de la reproduction. — La fleur (calice, corolle, androcée, gynécée). — Exemples choisis parmi les plantes vulgaires ou utiles. — Le fruit. La graine. — Germination.
2° Végétaux sans fleurs. — Notions sur les fougères, les algues, les champignons.
Classification des végétaux. — Familles. — Genres. — Espèces. — Races. — Variétés.
Caractère des familles suivantes et notions sur les végétaux utiles qu'elles renferment:
Crucifères. — Rosacées. — Légumineuses (*papilionacées*). — Composées. — Solanées. — Polygonées. — Liliacées. — Graminées.

10° Géologie

Notions sommaires sur la composition de l'écorce terrestre.
Roches. — Roches sédimentaires. — Stratification. — Roches éruptives, récentes. — Roches volcaniques. — Roches cristallines fondamentales. — Terre végétale.
Phénomènes géologiques actuels.
Action chimique et mécanique exercée par les eaux. — Désagrégation. — Altération des roches. — Éboulement. — Ruisseaux. — Torrents. — Rivières. — Fleuves. — Alluvions. — Vallées. — Deltas. — Sources. — Puits. — Notions sur les glaciers.
Phénomènes éruptifs.
Sources thermales. — Volcans; leurs produits. — Geysers. — Soulèvements. — Affaiblissement lent. — Tremblements de terre.
Description et classification des terrains fossiles.
Notions sur les roches et les fossiles caractéristiques des terrains principaux.
Terrains primaires: silurien, dévonien, carbonifère (houille).
Terrains secondaires: trias, jurassique, crétacé.
Terrains tertiaires: éocène, miocène, pliocène.
Terrains quaternaires: ancienne extension des glaciers; diluvium.
Faune contemporaine de l'homme préhistorique. — Preuve de l'ancienneté de l'homme.
Notions sur le sol de la France. — Carte géologique.

B. — Section Agricole de l'Université de Poitiers

But et Institution

Cet enseignement de caractère pratique est réparti sur deux semestres de quatre mois d'hiver pris dans deux années consécutives. Il comprend des conférences à l'Université complétées par des visites dans les exploitations agricoles, les laiteries, les abattoirs, etc., de la région ainsi que des exercices pratiques dans les laboratoires. Il s'adresse non seulement aux étudiants habituels de l'Université, mais à tous les jeunes gens élèves des lycées et collèges, écoles primaires supérieures et autres désireux d'acquérir avant leur entrée dans la vie les connaissances techniques qui feront d'eux des agriculteurs avisés capables d'appliquer les méthodes modernes de culture.

Conditions de scolarité

Aucun grade universitaire n'est exigé. Cependant les candidats ou candidates non pourvus du baccalauréat, du diplôme de fin d'études secondaires, du brevet supérieur ou du brevet d'études primaires supérieures, ne seront admis à l'immatriculation qu'après avoir justifié qu'ils sont aptes à suivre avec fruit l'enseignement qui leur sera donné.

Organisation de l'enseignement

L'enseignement est donné par les professeurs de l'Université et par des spécialistes : directeurs des services agricoles, vétérinaires, inspecteurs des forêts, horticulteurs, viticulteurs, apiculteurs de notoriété et de valeur reconnues.
Les conférences et exercices pratiques relatifs aux diverses matières du programme sont répartis ainsi qu'il suit :

Première Année

1° *Agriculture générale et cultures spéciales* (2 conférences par semaine). — Agriculture générale, travaux du sol, labours, hersages, binages, etc... Les opérations culturales : semis, récoltes, etc., drainage, irrigation. Étude chimique du sol, propriétés absorbantes. Propriétés biologiques, engrais, amendements. Cultures spéciales : céréales, fourrages plantes industrielles et médicinales ;

2° *Zootechnie* (2 conférences par semaine).

— Zootechnie générale et zootechnie spéciale. Anatomie et physiologie comparées des animaux domestiques. Extérieur des animaux domestiques (âge, robe, etc...) Eléments de pathologie générale ;

3° *Chimie agricole* (1 conférence par semaine). -- Chimie de la plante : composition, nutrition. La terre arable : formation, composition, réactions dont elle est le siège, nitrification ; causes de stérilité, amendements. Engrais organiques ;

4° *La botanique appliquée* (1 conférence par semaine). — Classification du règne végétal : cryptogames, phanérogames, racine, tige, feuille, fleur, fruit, graine, germination et développement. Histoire naturelle des plantes agricoles et forestières ; Notions de géographie botanique, agricole et forestière ;

5° *Mécanique agricole* (1 séance par semaine pendant deux mois). — Principes généraux et mécanique. Les moteurs agricoles : moteurs animés, manèges, moulins à vent, moulins à eau, moteurs à explosion, machines à vapeurs, moteurs électriques.

Les machines employées à la ferme : pompes, alimentation et entretien du bétail. Préparation du grain. Préparation de la vendange. Les machines employées aux champs : préparation du sol, semailles. Protection des cultures-récoltes ;

6° *Météorologie agricole* (1 conférence par semaine pendant un mois). — La prévision du temps, son importance pour l'agriculture. Prévision rationnelle du temps. Centres d'action de l'atmosphère. Prévision à longue échéance. Prévision à échéance moyenne. Grêle. Régimes de temps : leur influence et leur rôle sur la végétation ;

7° *Législation et économie rurales* (1 conférence par semaine). — Les lois spéciales à l'acquisition, à l'amélioration et la conservation des petits domaines ruraux. Législation du fermage et du métayage. Les syndicats agricoles. Le crédit agricole. Les assurances agricoles.

Soit en totalité : 8 conférences par semaine, et pour le trimestre 128.

En outre 32 conférences (2 par semaine) seront réservées à des sujets spéciaux : hydrologie de la région (4), récolte et conservation des plantes médicinales (4) ; le surplus, soit 24, étant consacré à des questions particulières touchant l'agriculture des départements limitrophes de la Vienne et confié aux directeurs des services agricoles de ces départements ou à des agriculteurs idoines.

Soit en tout 160 conférences.

Cet enseignement sera complété par des visites dans les exploitations agricoles de la région, aux abattoirs, etc., sous la direction du professeur d'agriculture générale et de cultures spéciales (4), du vétérinaire (5) par des excursions hydrologiques (2) et par des travaux pratiques dans les laboratoires.

Chimie agricole (5), botanique (5), mécanique agricole (5).

Soit en tout 26 séances d'une matinée ou d'un après-midi.

Deuxième Année

1° *Industries agricoles de la région* (1 conférence par semaine). — Vinification, cidrerie, laiterie ;

2° *Pathologie spéciale des animaux domestiques* (1 conférence par semaine). — Maladies parasitaires, infectieuses, contagieuse. Morve, fièvre aphteuse, maladies charbonneuses. Triels, clos d'équarrissage, inspection sanitaire ;

3° *Chimie agricole* (1 conférence par semaine). — Le lait, le vin, le vinaigre. Etude chimique, falsifications. Engrais minéraux ;

4° *Botanique appliquée* (1 conférence par semaine). — Espèces, races, variétés. Hérédité. Hybridation. Sélection. Loi de Mendel. Amélioration des plantes cultivées. Création de nouvelles variétés. Pathologie des plantes agricoles et forestières ; maladies non parasitaires causées par les bactéries. Champignons, etc... Organisation sanitaire de la lutte contre les maladies. Service phytographique ;

5° *Zoologie appliquée* (1 conférence par semaine pendant 2 mois). — Entomologie agricole : biologie des insectes utiles et nuisibles, procédés de destruction de ces derniers vertébrés utiles et nuisibles (principalement oiseaux et mammifères). Protection des animaux ;

6° *Parasitologie* (1 conférence par semaine pendant 2 mois). — Protozoaires, amibes et dysenterie. Coccidiose du lapin. Piroplasmose des chiens et vaches. Hémosporidies des oiseaux. Sarcosporidie du mouton. Myxosporidies des poissons. Dourine du cheval. Vers : douves, ténias divers, acariens divers. Tiques, poux, puces, mouches et larves parasites. Tyroglyphes des fromages ;

7° *Electricité agricole* (1 conférence par semaine pendant 3 mois). — La houille blanche et l'agriculture. La main-d'œuvre et le problème de la motoculture : sa solution par l'électro-motoculture. L'industrialisation des travaux de la ferme et de la culture. Le labourage électrique, ses divers modes. Prix de revient comparé des labourages mécaniques et électriques. Coût et durée d'utilité des machines agricoles entretenues électriquement ;

8° *Horticulture et arboriculture forestière et fruitière* (1 conférence par semaine pendant 2 mois). — Plantes de massifs et plantes vivaces : multiplication, plantation, création de nouvelles variétés. Essences à planter pour la reconstruction de nos forêts. Étude spéciale du robinier, multiplication des essences forestières. Arbres fruitiers à cultiver pour la vente au marché et l'exportation. Plantation, taille, greffage. Étude des principaux arbres fruitiers ;

9° *Sylviculture* (1 conférence par semaine pendant 2 mois). — Essences, modes de traitements, phases des peuplements. Repeuplements artificiels, exploitation des forêts. Produits forestiers ;

10° *Viticulture* (1 conférence par semaine). — Organisation et développement de la vigne. Facteurs qui influent sur la production et la qualité des vins. Vignobles de la région. Multiplication de la vigne. Constitution d'un vignoble. Cépages français, producteurs directs américains. Vignes greffées : choix des porte-greffes, choix des greffes, greffage, taille, labours, fumiers.

11° *Culture potagère* (1 conférence par semaine pendant 2 mois). — Jardin potager, matériel, outillage, travaux du sol, fumures, amendements, engrais, arrosage. Multiplication des légumes, récolte, conservation. Étude de la culture des principaux légumes ;

12° *Apiculture* (1 conférence par semaine pendant 6 semaines). — Confection d'une colonie d'abeilles, miel, couvain. Essaimage, installation et conduite du rucher, récolte du miel. Nourrissement, pillage, hivernage, rendement du rucher ;

13° *Pisciculture* (1 conférence par semaine pendant 6 semaines). — Généralités, extraction des œufs, fécondation artificielle, éclosion, alimentation.

Soit en totalité neuf conférences par semaine sur des questions diverses par des spécialistes directeurs de laiteries, d'établissements de pisciculture.

Soit en tout 160 conférences.

Cet enseignement sera complété par des visites dans divers établissements de la région (laiteries, beurreries, etc.) (4), aux abattoirs de Poitiers et de Chasseneuil (5), par des séances pratiques dans les établissements horticoles (3), viticoles (2), apicoles (2), de cultures potagères (2), par des excursions dans les forêts (2), par des travaux pratiques dans les laboratoires de : chimie agricole (4), botanique appliquée (4), électricité agricole (4), entomologie et parasitologie agricole (4).

Soit en tout 36 séances d'une demi-journée.

Examens. — Sanction des études. — Diplôme

L'examen de première année comporte : des interrogations *orales* sur trois des matières de l'enseignement *au choix du Jury*. Ces épreuves seront cotés de 0 à 20.

Ne seront admis à se présenter aux épreuves de la 2° année que les candidats qui auront obtenu la moyenne des points.

L'examen de la seconde année comporte :

A l'écrit : 1° un rapport relatif à l'aménagement d'une exploitation agricole dans des conditions déterminées ; 2° deux questions de chimie agricole et de botanique appliquée ; 3° deux problèmes de mécanique et d'électricité ; 4° une question de zootechnie ou de zoologie appliquée ; 5° une question de Législation et Économies rurales.

A l'oral :

Interrogations ou épreuves pratiques sur cinq des matières enseignées au choix du candidat.

Chacune des cinq épreuves écrites sera cotée de 0 à 20.

DIPLÔME. — Sera digne de recevoir le diplôme *d'études agricoles de l'Université de Poitiers* tout candidat ayant obtenu un total général de :

100 points	mention Passable
125 —	— Assez bien
150 —	— Bien
175 —	— Très bien

Droits d'études

Droits d'inscription	60	par trimestre
Droit de travaux pratiques.	50	—
Droits d'examen	90	—

C. — *Institut Agricole de Nancy*

RENSEIGNEMENTS GÉNÉRAUX

But et Institution

L'Institut agricole de l'Université de Nancy a pour but de donner aux étudiants une instruction supérieure préparant d'une manière générale à la profession d'Agriculteur.

Organisation de l'enseignement

L'enseignement de cet Institut est divisé en deux parties :

1° *Sciences appliquées à l'agriculture* : 4 semestres d'études au moins, avec inscription comme étudiant de l'enseignement agronomique supérieur de la faculté des sciences.

2° *Enseignement complémentaire spécial* réparti en six semaines (études forestières ; études économiques ; études coloniales ; études d'ingénieur).

1re *Section : Études forestières.* — Sylviculture et aménagement des forêts ; histoire naturelle forestière ; législation forestière. Cet enseignement s'adresse surtout aux propriétaires ou aux futurs administrateurs des forêts particulières. Les étudiants admis ont le titre d'élèves externes à l'école forestière, y suivent des cours et peuvent obtenir le certificat de cette école.

2e *Section : Études économiques.* — Science sociale ; droit administratif ; histoire des doctrines économiques ; géographie économique ; agronomie générale ; économie rurale. Cette section s'adresse particulièrement aux détenteurs de la grande et de la moyenne propriété. L'enseignement est donné aux facultés de droit, des lettres, des sciences.

3e *Section: Études laitières.* — Chimie et technologie du lait ; microbiologie laitière ; industrie laitière. Les étudiants doivent faire six mois d'études laitières pendant cinq semestres, au lieu de quatre. Ils peuvent obtenir un certificat d'études spécial de l'école de laiterie.

4° *Section : Études d'agriculture pratique.* — Agronomie et économie rurale ; comptabilité agricole ; topographie et constructions rurales ; laiterie ; art vétérinaire et zootechnie spéciale ; horticulture ; viticulture ; apiculture. L'Institut dispose des ressources de l'École pratique d'agriculture Mathieu-de-Dombasle.

5e *Section : Études coloniales.* — Cette section comporte des enseignements particuliers et surtout des exercices pratiques se rapportant au génie rural et aux expertises agricoles.

Durée des études. — Enseignement complémentaire

La durée des études est de deux ans au moins ; elle peut être prolongée. Chaque étudiant est libre de choisir l'une ou l'autre des six sections de l'Enseignement complémentaire spécial.

Pendant une troisième année, les étudiants peuvent suivre les autres sections d'études complémentaires non choisies précédemment, développer leurs études spéciales ou préparer le doctorat d'Université. Cette troisième année d'études porte sur les matières suivantes :

Agronomie générale et Économie rurale. — Botanique. — Histoire naturelle des plantes cultivées. — Pathologie végétale. — Zootechnie. — Entomologie agricole et Parasitologie. — Alimentation rationnelle des animaux domestiques. — Microbiologie. — Météorologie. — Chimie. — Chimie agricole. — Analyses agricoles. — Industries agricoles. — Géologie appliquée. — Horticulture. — Apiculture. — Viticulture et Œnologie. — Pisciculture. — Laiterie. — Art vétérinaire. — Topographie et constructions rurales. — Comptabilité agricole. — Mécanique et outillage agricole. — Agriculture commerciale. — Histoire des doctrines économiques. — Économie politique. — Science sociale. — Sciences forestières. — Sciences laitières. — Sciences coloniales.

Les étudiants de l'Institut agricole peuvent suivre gratuitement les cours de l'École des Eaux et Forêts (sylviculture, aménagement, technologie forestière, législation forestière, etc.) et plusieurs cours de sciences commerciales à l'École supérieure de commerce de Nancy (moyennant un droit d'inscription annuelle.

Les étudiants de la section des études forestières peuvent obtenir le titre d'élève externe à l'École nationale des Eaux et Forêts. En fin de scolarité, le diplôme officiel de cette école est décerné après un examen spécial.

Sanction des études. — Diplôme. — Mentions

Tous les étudiants peuvent se présenter, après deux années d'études, à l'examen du *diplôme d'études supérieures agronomiques.*

Pour cet examen, il est tenu compte des notes obtenues pendant la scolarité. Les épreuves portent sur l'ensemble des trois enseignements agricoles de la faculté des sciences et sur la matière de l'enseignement complémentaire choisi par le candidat. Des dispenses d'une année de scolarité sont accordées aux étudiants qui ont déjà suivi pendant deux semestres un autre enseignement agronomique supérieur.

Il est fait mention sur le diplôme des certificats d'études des sections sur lesquelles le candidat aura été examiné.

Le diplôme porte la mention *Ingénieur* lorsqu'il a été obtenu avec mention de l'une au moins des cinq premières sections et avec la note moyenne de 12 sur 20 (note assez bien) et lorsque le candidat a, en outre, subi avec succès les dix épreuves spéciales de la 6e section.

Ces épreuves portent sur la mécanique et l'outillage agricole, l'hydrologie agricole, la topographie, le nivellement, les constructions rurales, l'agriculture commerciale et les expertises agricoles, l'agronomie et l'économie rurale. Les candidats ont à exécuter plusieurs projets d'ingénieur et notamment un projet de génie rural et un projet d'ingénieur-conseil se rapportant aux sections spéciales qu'ils ont choisies à l'examen du diplôme.

CONDITIONS D'ADMISSION

Les étudiants qui ont reçu le diplôme peuvent être admis à poursuivre dans les laboratoires agricoles des recherches scientifiques, en vue du doctorat de l'Université de Nancy, mention : *sciences*.

Les étudiants qui désirent suivre les cours de l'Institut agricole de Nancy, doivent demander par écrit leur admission avant le 10 octobre de chaque année, en indiquant la section d'enseignement complémentaire à laquelle ils désirent appartenir.

Aucun examen n'est exigé des candidats qui entrent en première année. Il est entendu cependant qu'ils possèdent les connaissances scientifiques suffisantes pour suivre l'enseignement.

Les auditeurs libres sont admis sur demande aux divers enseignements. Ils doivent se faire immatriculer à la faculté des sciences (60 francs par an).

Frais d'études. — Droits de Diplôme

Les frais d'études, y compris les droits de diplôme, sont d'environ 1.800 fr. par an. Les candidats au diplôme qui préparent simultanément la licence ès sciences agricoles (certificats d'études supérieures de chimie et géologie agricoles, botanique agricole, zoologie agricole) ont en outre à payer 4 inscriptions trimestrielles d'Etat en première année seulement et les droits de l'examen de licence.

Les droits sont payables par trimestre aux époques suivantes : du 5 au 15 novembre ; du 5 au 20 janvier ; du 1er au 15 mars ; du 1er au 15 mai.

D. — *Institut Nationale Agronomique*
(Ecole supérieure de l'Agriculture)

RENSEIGNEMENTS GÉNÉRAUX

But et Institution de l'Ecole

L'Institut agronomique dont l'entrée principale est située 16, rue Claude-Bernard, à Paris, Ve, a pour but de former :

1° Des agriculteurs et des propriétaires instruits possédant les connaissances scientifiques nécessaires à la meilleure exploitation du sol de la France et de ses colonies ;

2° Des professeurs spéciaux pour l'enseignement agricole dans les écoles nationales d'agriculture, les écoles pratiques d'agriculture dans les départements, les écoles normales, etc. ;

3° Des administrateurs instruits et capables pour les divers services publics ou privés dans lesquels les intérêts de l'agriculture sont engagés ;

4° Des agents pour l'Administration des forêts. Les candidats qui ont satisfait aux conditions déterminées dans un décret récent, séjournent deux ans à l'Ecole nationale des Eaux et Forêts à Nancy. Ils en sortent avec le grade de garde général ;

5° Des agents pour l'administration des Haras. Comme les jeunes gens qui se destinent aux forêts, les futurs officiers des Haras, après avoir obtenu le diplôme d'ingénieur agronome, et satisfait à des examens d'aptitude physique et d'équitation, choisis d'après leur classement, entrent à l'école du Pin (Orne) d'où ils sortent après 2 ans, surveillants d'un dépôt d'étalons ;

6° Des directeurs, des chimistes, des chefs de laboratoire, pour les diverses stations agronomiques et les laboratoires agricoles ;

7° Des ingénieurs pour le service du Génie Rural ressortissant à la Direction générale des Eaux et Forêts et des améliorations agricoles du Ministère de l'Agriculture (irrigation, drainages, captation de sources, fourniture d'eau aux villages, constructions rurales, aménagement des chutes d'eau et production de l'électricité, etc.).

Ce Service recrute ses ingénieurs à l'Institut agronomique parmi les ingénieurs agronomes qui ont satisfait à certaines conditions. Ils doivent passer deux ans à *l'École supérieure du Génie Rural* qui devient ainsi une nouvelle école d'application de l'Institut agronomique ;

8° Des agents pour les syndicats agricoles, les sociétés de crédit et de mutualité agricoles, Crédit foncier, etc. ;

9° Des chimistes et directeurs pour les industries agricoles ou qui emploient des matières premières produites par l'agriculture : sucreries, distilleries, brasseries, féculeries, fabriques d'engrais, etc. ;

10° Des ingénieurs pour les améliorations agricoles, les constructions rurales, le commerce des machines, etc.

Les élèves diplômés peuvent être admis, suivant leur rang de classement, et recevoir une indemnité spéciale, dans les Laboratoires de l'Institut et dans les diverses sections d'application afin de se perfectionner. (Voir plus loin : *sections d'application.*

Ils sont encore reçus à l'École d'agriculture coloniale de Nogent-sur-Marne, à l'École des industries agricoles de Douai, au Laboratoire Central de la direction des services scientifiques et de la Répression des fraudes au Ministère de l'Agriculture.

Le diplôme d'ingénieur agronome est considéré comme équivalant à une licence pour les anciens élèves de l'Institut agronomique possesseurs d'un baccalauréat. Il donne accès aux concours qui ouvrent diverses carrières, notamment à ceux qui sont placés à l'entrée des carrières diplomatique et consulaire (attaché d'Ambassade et élève Consul).

Situation actuelle de l'Institut agronomique. Depuis l'année 1889, l'Institut agronomique est installé sur le vaste emplacement de 7.000 mètres carrés environ qui est limité en partie par les rues de l'Arbalète et Claude-Bernard. Les bâtiments s'élèvent sur une surface de 3.000 mètres carrés. Ils entourent tout ce que l'on a pu garder de l'ancienne École de Pharmacie. Ses beaux arbres et ses pelouses donnent à l'École un aspect riant qui prévient en faveur de ses études. L'entrée principale de l'Institut occupe le n° 16 de la rue Claude-Bernard. Les bâtiments, d'aspect très simple, comprennent des salles d'études pour les élèves, deux amphithéâtres, des salles de collections et de nombreux laboratoires affectés à la Chimie générale et à la Chimie agricole, à la Physiologie, à la Micrographie, à la Mécanique, à la Zoologie, à la Microbiologie, à la Géologie agricole, à la Physique et à la Météorologie, à la Zootechnie, à la Viticulture, à l'Agriculture comparée, à la Technologie, au cours de Machines agricoles.

Les collections sont dignement représentées ; citons celles des machines agricoles, des modèles d'appareils employés dans les industries agricoles, des produits de l'agriculture, de zoologie, de géologie, des maladies des plantes, les herbiers, etc. De nombreux tableaux et graphiques disposés dans les salles et les couloirs illustrent l'enseignement. Une bibliothèque réunissant plus de 28.000 volumes est à la disposition des élèves et des professeurs.

D'une contenance de 281 hectares environ le domaine du Chesnil-Maintenon, propriété de M. et Mᵐᵉ Wallet, est un champ idéal de démonstrations car il réunit à un cheptel de premier ordre, une collection de machines agricoles à la hauteur des derniers progrès. Il est sis à Noisy-le-Roi, à quelques pas de Versailles. Les élèves, conduits par leurs maîtres, peuvent assister aux opérations de grande culture au fur et à mesure qu'elles s'accomplissent. Le domaine du Chesnil-Maintenon comprend aussi un haras.

En outre, l'Institut agronomique a installé à la gare même de Noisy-le-Roi, sur une partie du domaine loué à M. Wallet, un champ d'études de six hectares, clos et muni de tout ce qui est nécessaire pour les expériences d'agriculture sur le terrain.

Organisation de l'Enseignement

L'enseignement de l'Institut agronomique est caractérisé par ce fait que le concours d'admission, relativement difficile, porte sur un programme de connaissances élémentaires très vaste, et que, dans ces conditions, les élèves sont immédiatement aptes à recevoir l'enseignement supérieur. Cette situation a permis d'éliminer du programme des cours des matières que l'on peut considérer comme suffisamment connues des élèves. Cela procure une grande économie de temps et permet de réduire à deux ans la durée normale des études C'est ainsi que l'enseignement de la Physique ne comprend pas celui de la météorologie, de l'optique et des conférences sur l'électricité et ses applications industrielles. On admet que les élèves de l'Institut possédent des notions suffisantes de physique générale. Le cours de Chimie générale est un cours de chimie organique appliquée aux produits de l'industrie agricole. Les élèves doivent connaître suffisamment à leur entrée les métalloïdes et les métaux. Par contre, lorsque l'enseignement nécessite des connaissances préliminaires que les élèves n'ont pas encore reçues, l'Institut leur consacre des conférences spéciales. C'est ainsi que le cours de Mécanique rationnelle est précédé par l'exposition des éléments du calcul infinitésimal.

L'enseignement comprend les cours ci-après :

Anatomie et physiologie comparées des animaux domestiques. — Zoologie appliquée à l'agriculture. — Biologie des végétaux cultivés en France et aux Colonies. — Pathologie végétale. — Géologie agricole. — Microbiologie. — Mathématiques. — Mathématiques appliquées. — Aménagement agricole des eaux. — Physique et météorologie. — Chimie organique appliquée aux produits de l'industrie agricole. — Chimie agricole. — Agriculture générale et cultures spéciales. — Agriculture comparée. — Agriculture coloniale. — Arboriculture. — Viticulture. — Génie rural. — Zootechnie. — Technologie agricole. — Droit administratif et législation rurale. — Économie rurale. — Économie politique. — Économie forestière. — Comptabilité agricole — Analyse et démonstrations chimiques. — Pisciculture. — Électrotechnique. — Exercices parlés dans les langues allemande et anglaise.

Cet enseignement est réparti comme suit sur la durée des études qui est de deux années normales et d'une année complémentaire de perfectionnement.

1° En première année, et surtout pendant le premier semestre, les élèves reçoivent l'enseignement supérieur des sciences appliquées à l'agriculture. Cette première partie peut être dénommée, *Étude des sciences fondamentales de l'agronomie.*

2° Pendant le second semestre de la première année et pendant toute la seconde année, les étudiants reçoivent l'enseignement même de l'art agronomique : c'est l'*Enseignement de l'agronomie.*

Tous ces cours sont complétés par des exercices pratiques nombreux qui facilitent la compréhension de l'enseignement théorique et qui tendent à donner aux élèves la *pratique du laboratoire*, pratique qu'ils acquerront surtout pendant la 3e année d'études complémentaires.

3° Pendant les deux années d'études et dès le début, puis pendant les vacances qui séparent la première de la seconde année et la seconde de la troisième (pour les élèves qui se perfectionnent), les étudiants reçoivent l'enseignement pratique tant au domaine d'étude que dans les usines et les grandes exploitations qu'ils visitent et où ils séjournent (stage obligatoire des vacances). Cet enseignement constitue celui de la *Pratique agricole.*

Cours. — L'une des caractéristiques de l'enseignement de l'Institut agronomique réside dans sa *spécialisation*. Chaque branche de l'enseignement est confiée à un professeur qui en a fait le but de ses travaux et le plus souvent celui de sa carrière.

Voici quel est le temps consacré à l'enseignement de chaque matière.

MATIÈRES ENSEIGNÉES	LEÇONS DE 1 H. 1/2	CONFÉRENCES DE 1 H. 1/2	CONFÉRENCES DE 1 HEURE
Première année d'études			
Biologie des végétaux cultivés en France et aux colonies	35	—	—
Anatomie et Physiologie comparées des animaux domestiques	30	—	—
Zoologie agricole	30	—	—
Physique et météorologie	30	—	10
Géologie agricole	25	—	5
Chimie organique appliquée aux produits de l'industrie agricole.	—	30	—
Économie politique	—	20	—
Viticulture	25	2	—
Agricultue générale	30	14	—
Chimie agricole	24	—	—
Microbiologie	—	15	—
Mathématiques appliquées	30	—	—
Mathématiques	—	12	1
Zootechnie	25	—	—
Topographie	—	—	—
Chimie analytique. Analyses et démonstrations chimiques	8	8	—
Économie rurale	20	—	—
Pisciculture	—	15	—
Aviculture	—	—	—
Électricité	—	12	—
Deuxième année d'études			
Technologie agricole	37	—	5
Économie rurale	20	—	—
Chimie agricole	26	—	—

Matières enseignées	Leçons de 1 h. 1/2	Conférences de 1 h. 1/2	Conférences de 1 heure
Zootechnie	25	—	—
Agriculture spéciale	20	—	8
Chimie analytique. Analyses et démonstrations chimiques	14	—	—
Arboriculture	—	12	—
Agriculture comparée	—	30	—
Droit administraif et législation agricole	25	—	5
Génie rural	50	—	—
Pathologie végétale	—	20	—
Économie forestière	35	—	—
Aménagement agricole des Eaux	30	—	—
Cultures coloniales	15	—	—
Topographie	—	—	—
Comptabilité	—	5	—
Mathématiques (Cours obligatoire pour les élèves candidats à l'École forestière, facultatif pour les autres).	—	40	—

Exercices pratiques. — Les cours sont complétés par des conférences et des exercices ou des démonstrations pratiques de chimie, de micrographie, d'agriculture, de physiologie, de zoologie, de zootechnie, de minéralogie, de génie rural, de sylviculture, d'arboriculture et de viticulture.

L'enseignement de la chimie est réparti sur les deux années. Il a lieu deux fois par semaine, l'après-midi. Les leçons des cours précèdent exactement chaque série de manipulations.

L'enseignement fait une large part à la micrographie, d'abord dans les travaux de botanique (1re année), puis dans les exercices de pathologie végétale (2e année).

Les travaux de botanique ont lieu deux fois par semaine. Ils concordent d'une manière parfaite avec le cours, de telle sorte que l'enseignement oral est toujours accompagné d'une application.

Les exercices de pathologie végétale ont également lieu deux fois par semaine pendant un semestre en deuxième année.

L'enseignement de la botanique est complété par des herborisations qui ont lieu au cours de chacun des exercices et excursions d'agriculture, et par la confection d'un herbier que l'élève doit poursuivre pendant toute la durée de ses études.

Une attention toute particulière est donnée aux exercices d'agriculture. Ces exercices se poursuivent régulièrement au domaine d'étude de Noisy-le-Roi. Ils sont complétés par de nombreuses excursions sous la direction des chefs des domaines les plus remarquables des environs de Paris : MM. Gilbert, à Trappes, Émile Petit, ferme de Champagne, et Louis Petit, à Orsigny ; Vilmorin, à Verrières ; Thomasson, à Puiseux (S.-et-O.), Bachelier, à Mormant (S.-et-M.) ; Boisseau, à Chantemerle, Rommelin et Bataille, au Plessis-Belleville (Oise) ; Bouchon, à Nassandres (Eure) ; Lucas (S.-et-O.) ; Lauvray (Eure) ; Genin (Isère).

Les exercices de zootechnie ont lieu en partie à l'école, où a été aménagée une étable de démonstrations, en partie au marché de la Villette et au marché aux chevaux.

Le cours de technologie agricole comporte, durant tout le premier semestre de la 2e année, des excursions hebdomadaires dans des usines.

D'une manière générale, chaque cours est accompagné d'une série d'exercices, et quand il y a lieu, d'excursions, qui le font passer dans le domaine de la pratique. Citons encore les exercices de zoologie, les exercices et les excursions de géologie agricole ; les exercices de physique ; ceux de machines agricoles et les excursions chez les grands constructeurs ou dans les établissements industriels de la région parisienne ; les exercices d'hydraulique et de mécanique ; les excursions d'économie forestière ; les exercices et les excursions de viticulture ; enfin les exercices de topographie de 1re et de 2e année.

Paris est dans une situation privilégiée au point de vue de l'intérêt des excursions et de la facilité des moyens de transport. La direction de l'Institut agronomique apporte toute son attention à ce côté de l'enseignement qui, avec les stages des vacances, constituent les seuls moyens dont elle puisse disposer pour former les élèves à la pratique. Le nombre des excursions effectuées chaque année varie avec les circonstances climatériques. On peut dire qu'il correspond en général, à 30 journées passées par les élèves des deux années en dehors de l'école.

La plupart de ces excursions prennent une demi-journée entière ; d'autres, exceptionnelles à cause du manque de temps, deux, trois ou quatre jours. Après la clôture des cours et des examens, vers le 15 juillet, le temps est libre. La direction aidée des professeurs en a souvent profité pour organiser de grandes excursions d'une durée de quinze à vingt jours. C'est ainsi qu'ont été organisés des voyages en Angleterre, en Belgique, en Hollande, sur les bords du Rhin, en Suisse ; puis en France dans le Nivernais, l'Auvergne, la vallée de la Loire et la Touraine ; dans la Champagne, les Ardennes et le Soissonnais, etc. ; les visites des fermes déjà citées et celles des usines des environs de Paris, sucreries, distilleries, brasseries, moulins, les grandes féculeries, fabriques d'engrais, ateliers de construction de machines agricoles, etc., etc.

Régime de l'Ecole

Le régime de l'Institut agronomique est l'externat.

La Direction indique aux familles qui le désirent des établissements d'instruction et des maisons particulières où les élèves de l'Ecole peuvent prendre pension, tout en restant soumis à une certaine surveillance.

Les élèves entrent à 8 heures du matin et sortent à 4 h. 30 du soir, sauf les jours d'examen. A l'exception d'une heure trois quarts d'interruption pour le déjeuner qui est pris hors de l'établissement, tout le temps est consacré à l'étude, aux leçons et aux travaux pratiques.

Le travail de rédaction est réservé pour le temps libre qui reste à l'élève en dehors des heures d'école.

Il est donné avis immédiat aux parents ou correspondants de toute absence non autorisée ou motivée, ainsi que de toute plainte sur la conduite des élèves.

A la fin de chaque semestre, il est envoyé aux parents des élèves ou à leurs correspondants un bulletin contenant le relevé des notes obtenues pendant le semestre.

Stages et travaux de vacances. — Pendant les vacances qui durent environ trois mois, les élèves doivent passer deux mois au moins dans une exploitation bien tenue qu'ils ont fait connaître à la direction et que celle-ci doit avoir agréée. Pendant toute la durée de leur stage leur présence peut être contrôlée par le chef des travaux agricoles de 2ᵉ année délégué spécialement à cet effet.

Les élèves doivent rapporter : 1° Un journal de vacances, rédigé jour par jour, sur les opérations de culture auxquelles ils ont participé ou assisté ; 2° un travail pour lequel il leur est remis un questionnaire. Ces travaux sont notés et entrent pour une part importante dans les calculs qui déterminent le classement.

Les stages donnent aux élèves de sérieuses connaissances pratiques, ils mettent en évidence les facultés d'observation et l'initiative de chacun.

Examens. — Classement
Sanction des Etudes
Diplôme et Certificat d'études

Grâce à des examens répétés qui ne laissent dans l'ombre aucune partie du programme des études, les élèves sont soumis à un entraînement méthodique qui les amène peu à peu à posséder l'ensemble, relativement considérable, des matières enseignées à l'Institut. Il y a deux sortes d'examens, les *examens particuliers* et les *examens généraux*. Des *épreuves pratiques* contrôlent le travail des élèves dans les laboratoires et sur le terrain.

Les examens particuliers portent sur des séries successives de 10 à 15 leçons de chacun des cours. Les examens généraux, subis devant les professeurs, portent sur le cours tout entier.

De même, il y a des *épreuves pratiques ordinaires* et des *épreuves pratiques de sortie*, qui ont plus d'importance et qui sont jugées par les professeurs.

Chaque élève subit, pendant la durée de ses études, environ quatre-vingts examens et épreuves.

Toutes les notes, affectées de coefficients déterminés, concourent à l'établissement d'une moyenne de sortie qui détermine le rang de classement, le droit au diplôme et aux diverses prérogatives qui y sont attachées.

Tout élève qui en est jugé digne reçoit après ses deux années d'études, le *Diplôme d'Ingénieur agronome*. Ce diplôme est délivré par le Ministre de l'Agriculture.

Les élèves qui, sans avoir obtenu le diplôme, ont fait preuve cependant de connaissances suffisantes et d'un travail régulier, reçoivent un *certificat d'études* délivré par le Ministre.

Recrutement des élèves

L'Institut agronomique reçoit des élèves réguliers et des auditeurs libres.

Les élèves réguliers peuvent être français ou étrangers et, depuis 1918, les femmes sont admises dans les mêmes conditions que les hommes. Les élèves réguliers sont exclusivement admis par voie de concours. Durant leur séjour à l'école, ils sont soumis à des épreuves et à des examens nombreux.

Les auditeurs libres sont français ou étrangers. Leur admission n'est soumise qu'à la possession d'un certificat d'identité et de moralité. Ils suivent les cours à leur convenance et ne subissent pas d'examens. Ils ne peuvent, par conséquent, prétendre au diplôme.

Les salles d'études et les laboratoires ne peuvent contenir normalement, dans chaque division, que 80 personnes. On ne peut donc admettre que des promotions de 80 élèves. Cela donne 160 élèves pour les deux années ; soit, avec 20 élèves de la 3ᵉ année complémentaire et une quarantaine d'auditeurs libres, un effectif de 220 personnes qui profitent de l'enseignement.

Rétribution scolaire. — Frais d'excursions.

La rétribution scolaire pour l'enseignement et les frais d'examen est fixée, pour les élèves entrant à partir d'octobre 1921, à 800 francs par an, payables par semestre et d'avance à la caisse de l'établissement.

Les élèves ont à leur charge les livres et les objets qui servent à leur usage personnel ; ils doivent en outre verser au commencement de chaque année à la caisse de l'Institut agronomique, et à titre de dépôt, une somme de 150 francs, destinée à faire face aux dépenses occasionnées par les frais d'excursion, par le remplacement des objets détruits ou détériorés, et par les visites réglementaires du médecin de l'École, en cas d'absence à un examen pour cause de maladie.

Les auditeurs libres payent une rétribution scolaire fixée à 300 francs par an.

Bourses

Chaque année sont accordées dix bourses de 1.000 fr. et dix bourses consistant dans la remise de la rétribution scolaire. L'attribution en est réglée par le Ministre de l'agriculture qui tient compte, en les répartissant, de la situation de fortune et de l'ordre de classement des candidats. Les bourses de 1.000 francs peuvent être fractionnées et elles donnent droit, pour chacun des bénéficiaires de la totalité ou d'une fraction, à la gratuité de l'enseignement.

Les demandes de bourses, écrites sur papier timbré, sont adressées au Ministre par l'intermédiaire du Préfet du département dans lequel réside la famille du candidat. Elles doivent être accompagnées des renseignements détaillés sur les moyens d'existence, le nombre d'enfants et les autres charges des parents, ainsi que d'un relevé du rôle des contributions.

Le Préfet soumet le dossier de chaque demande au Conseil municipal, qui prend une délibération à ce sujet. Ce dossier est ensuite transmis au Ministre avec la délibération motivée du Conseil municipal et l'avis du Préfet. Les justifications requises en ce qui concerne la situation de fortune de la famille sont applicables aux demandes de bourses de toutes les catégories.

Les demandes doivent être parvenues au Préfet avant le 15 juillet et être transmises au Ministre avant le 25 août. Ces délais sont de rigueur, et toute demande qui parviendrait au Ministre après les dates ci-dessus indiquées serait ajournée pour examen à l'année suivante.

Dispositions de la Législation militaire applicables aux élèves de l'Institut agronomique.

(Loi du 21 mars 1905)

Art. 21. — En temps de paix, des sursis d'incorporation renouvelables, d'année en année, jusqu'à l'âge de vingt-cinq ans, peuvent être accordés aux jeunes gens qui en font la demande, qu'ils aient été classés par le conseil de révision dans le service armé ou dans le service auxiliaire.

À cet effet, ils doivent établir que, soit à raison de leur situation de soutien de famille, soit dans l'intérêt de leurs études, soit pour leur apprentissage, soit pour les besoins de l'exploitation agricole, industrielle ou commerciale à laquelle ils se livrent pour leur compte ou pour celui de leurs parents, soit à raison de leur résidence à l'étranger, il est indispensable qu'ils ne soient pas enlevés immédiatement à leurs travaux.

Les demandes de sursis adressées au maire après la publication des tableaux de recensement sont instruites par lui ; le conseil municipal donne son avis motivé. Elles sont envoyées au Préfet et transmises par lui, avec ses observations, au conseil de révision, qui statue.

Les sursis d'incorporation ne confèrent aucune dispense.

Les jeunes gens qui ont obtenu, sur leur demande, un ou plusieurs sursis, suivent le sort de la classe avec laquelle ils sont incorporés.

En cas de guerre, les sursis sont annulés, et ces jeunes gens sont appelés avec les hommes de leur classe d'origine.

Missions d'études. — Ecoles spéciales. — 3ᵉ année complémentaire d'études.

L'Institut agronomique ne peut donner intégralement que le haut enseignement scientifique.

Pour être capables de remplir des emplois auprès des particuliers ou de l'Etat, ses élèves doivent passer par des écoles d'application : écoles dans le sens absolu du mot, comme celle des Eaux et Forêts de Nancy ou celle des Haras du Pin ; Sections d'application prévues par la loi de 1918 sur l'Enseignement agricole, ou bien laboratoire, exploitations agricoles et usines.

Les deux élèves classés premiers sur la liste de sortie peuvent obtenir, aux frais de l'Etat, une mission complémentaire d'études de trois ans en France ou à l'étranger. Quinze à dix-huit élèves, choisis d'après le classement et ayant des connaissances suffisantes en mathématiques, en allemand ou en anglais, peuvent entrer à l'Ecole forestière ; 3 élèves indiqués aussi par le classement et leurs aptitudes spéciales peuvent entrer à l'Ecole des Haras ; un certain nombre entreront dorénavant, sélectionnés comme les précédents, à l'Ecole supérieure du Génie Rural pour devenir ingénieurs au service du Ministère de l'Agriculture (Direction générale des Eaux et Forêts et des améliorations agricoles).

Trois élèves sortant de l'Institut agronomique peuvent être désignés chaque année par le Ministre d'Agriculture pour faire au Laboratoire central de recherches et d'analyses du service de la Répression des fraudes, un stage d'études pratiques d'une durée *minimum* d'un an. Chacun d'eux reçoit une indemnité mensuelle de 300 francs.

Enfin, une vingtaine d'élèves peuvent être admis, s'ils en sont jugés dignes, à faire une 3e année dite d'application, soit dans les sections d'application précitées, soit dans les laboratoires de l'Ecole, ou des exploitations agricoles ou industrielles. Pendant cette 3e année, les mieux classés peuvent recevoir une allocation mensuelle de 100 francs.

La troisième année d'études a rendu aux élèves de réels services. Ceux qui ont bien voulu l'employer en ont tiré un grand profit. Ils ont pu revoir, grâce à elle, le programme si vaste de l'enseignement, l'approfondir. Ils ont appris à connaître leur voie.

L'organisation des sections d'application, dont il est question ci-après, vient très heureusement perfectionner cette année d'application. Le passage par la section consacrée à la formation des professeurs est obligatoire pour les ingénieurs agronomes et les ingénieurs agricoles (les élèves diplômés des Eco-

les nationales d'agriculture) qui se destineront à l'enseignement agricole.

Les *missions d'études*, accordées chaque année aux deux élèves classés premiers du classement de sortie, ont donné des résultats intéressants. Elles ont permis à leurs titulaires de s'initier à la pratique agricole, de la comparer dans les pays différents, d'apprendre les langues étrangères. Ces missions se sont accomplies en Angleterre, en Belgique, en Amérique, en Alemagne, en Danemark, en Suède, en Algérie et en Tunisie. Certains missionnaires ont rapporté de l'étranger des documents d'un grand intérêt pour l'agriculture nationale : découvertes scientifiques, transformations économiques, études d'économie rurale, etc.

A l'Institut agronomique sont rattachés toute une série de stations d'essais et de laboratoires de recherches qui répondent aux besoins immédiats des agriculteurs. Ceux-ci consultent volontiers ces utiles institutions, qui non seulement rendent des services directs à la culture, mais qui constituent en outre des centres de recherches alimentés par des observateurs du dehors parfois excellents. Les professeurs qui les dirigent y trouvent de précieuses ressources pour leur enseignement.

L'Institut agronomique compte maintenant plusieurs laboratoires de ce genre. Ce sont, par date de création :

1° *La station d'essais de semences* ;
2° *La station d'essais de machines* :
3° *Le laboratoire de fermentation* ;
4° *La station d'entomologie agricole* ;
5° *Le laboratoire de viticulture et d'œnologie* ;
6° *Le laboratoire de mécanique et d'hydraulique agricoles*.

Ces divers laboratoires ont une organisation propre, autonome, un budget spécial. Deux d'entre eux, ceux de machines agricoles et de pathologie, sont établis en dehors de l'école. Mais les uns et les autres sont dirigés par des membres du personnel enseignant de l'Institut. Ils sont outillés de manière à pouvoir recevoir des élèves stagiaires.

Sections d'application

A leur sortie de l'Institut agronomique, les élèves diplômés peuvent compléter leur instruction professionnelle et se spécialiser dans des sections d'application qui fonctionnent, soit à l'Institut agronomique, soit sur les domaines des Écoles nationales d'Agriculture, soit dans les établissements ressortissants au ministère de l'agriculture, soit encore dans les centres nationaux d'expérimentation.

Les sections d'application sont les suivantes:

a) Section *d'enseignement agricole*, pour la préparation des candidats au professorat d'agriculture et d'horticulture ;

b) Section *d'agriculture*, pour la formation des agriculteurs exploitants et des directeurs de grands domaines ;

c) Section des *sciences chimiques, physiques et naturelles*, pour la formation des spécialistes dans les applications de ces sciences à l'agriculture et à l'industrie agricole ;

d) Section de la *mutualité et de la coopération agricoles* pour la formation des directeurs de syndicats coopératives agricoles ;

e) Section de *Mécanique agricole* pour la formation des spécialistes dans les applications de cette science à l'Agriculture et a l'Industrie agricole.

a) Section d'Application de l'Enseignement agricole

Il est créé une section d'application de l'Enseignement Agricole, pour la préparation des candidats au professorat d'agriculture.

Cette section fonctionne depuis le 1er octobre 1920 et reçoit, chaque année, à raison de 30 au maximum, les élèves diplômés de l'Institut agronomique et ceux des Écoles nationales d'agriculture qui se sont fait inscrire avant le 15 août.

L'admission définitive des candidats est fixée par arrêté ministériel avant le 15 septembre, en tenant compte de leur rang de classement de sortie et de leurs notes de diplômes. En principe, la moitié des places est réservée aux ingénieurs agronomes, l'autre moitié aux ingénieurs agricoles.

La durée des études est fixée à dix-huit mois.

Les élèves de la section d'application de l'enseignement agricole reçoivent, pendant les quinze premiers mois, l'enseignement donné dans la section d'agriculture et concourent avec les élèves de ladite section pour l'obtention du diplôme dans les conditions fixées ci-dessous.

Les élèves complètent ensuite, pendant les trois mois suivants, leur formation pédagogique dans un établissement d'enseignement agricole désigné par arrêté ministériel.

Le programme de l'enseignement pendant les trois derniers mois d'études comporte des leçons, applications, exercices ou travaux pratiques et des excursions.

En ce qui concerne la discipline, les élèves de la section d'application sont soumis aux règlements en vigueur dans les établissements où ils reçoivent leur complément d'instruction.

Les élèves de la section d'application d'enseignement agricole peuvent bénéficier chacun, pendant leurs dix-huit mois d'études, d'une bourse de 4.000 francs par an.

À la fin de leurs études, il sera délivré par le Ministre de l'agriculture le diplôme d'aptitude à l'enseignement agricole aux élèves de la section déjà pourvus du diplôme d'études supérieures d'agriculture appliquée et qui, de plus, auront satisfait aux épreuves de fin d'études, à l'issue du stage prévu.

Les élèves de la section d'application d'enseignement agricole pourvus du diplôme d'aptitude à l'enseignement agricole pourront être nommés dans les conditions fixées par arrêté ministériel, professeurs stagiaires d'agriculture et chargés, à ce titre, de remplir les fonctions d'adjoints à une direction des services agricoles ou de faire des cours dans une École d'agriculture en attendant qu'ils puissent se présenter au concours du professorat d'agriculture.

b) Section d'Application de l'Agriculture

Il est créé une section d'Application de l'Agriculture, pour la formation des agriculteurs exploitants et des directeurs de grands domaines.

Elle fonctionne depuis le 1er octobre 1920 et reçoit, chaque année, à raison de 30 au maximum les élèves diplômés de l'Institut agronomique et ceux des Écoles nationales d'agriculture qui se sont fait inscrire avant le 15 août. L'admission définitive des candidats est fixée par arrêté ministériel avant le 15 septembre en tenant compte de leur rang de classement de sortie et de leurs notes de diplômes.

En principe, la moitié des places est réservée aux ingénieurs agronomes, et l'autre moitié des places est réservée aux ingénieurs agricoles.

La durée des études est fixée à quinze mois.

L'enseignement est donné comme suit :

1°) Du premier octobre au premier avril de l'année suivante, à l'Institut agronomique, ainsi que dans les laboratoires, stations et centres d'expérimentation de la région parisienne ;

2°) Et dans les mêmes conditions, du premier avril au 30 juin, à l'Ecole nationale d'agriculture de Grignon ;

3°) Du premier septembre au 15 octobre, à l'Ecole nationale d'agriculture de Montpellier ;

4°) Du 16 octobre au 30 décembre, à l'Ecole nationale d'agriculture de Rennes.

Le programme de l'enseignement comporte des leçons, applications, exercices ou travaux pratiques, des excursions.

En ce qui concerne la discipline, les élèves de la section d'application sont soumis aux règlements en vigueur dans les établissements où ils reçoivent leur complément d'instruction.

Cinq bourses de 1.800 francs par an peuvent être réparties entre les élèves de la section d'agriculture. Elles peuvent être attribuées sous forme de bourse entière ou de demi-bourse.

A la fin des études, le diplôme d'études supérieures d'agriculture appliquée sera délivré aux élèves qui auront satisfait aux épreuves de sortie, conformément aux règles fixées par le programme des études.

c) Section d'Application des sciences chimiques, physiques et naturelles

Il est créé à l'Institut national agronomique une section d'application des SCIENCES CHIMIQUES, PHYSIQUES ET NATURELLES, pour la formation des spécialistes dans les applications de ces sciences à l'agriculture et à l'industrie agricole.

Cette section fonctionne depuis le premier octobre 1920 et reçoit chaque année, à raison de vingt au maximum, les élèves diplômés de l'Institut national agronomique et ceux des Ecoles nationales d'agriculture qui se sont fait inscrire avant le 15 septembre.

L'admission définitive des candidats est fixée par arrêté ministériel, en tenant compte de leur rang de classement de sortie et de leur note de diplôme.

En principe, la moitié de ces places est réservée aux ingénieurs agronomes et l'autre moitié aux ingénieurs agricoles.

La durée des études est fixée à huit mois.

Pendant ces huit mois d'études, les ingénieurs agronomes et les ingénieurs agricoles admis dans la section, sont répartis, suivant leur choix et jusqu'à concurrence du nombre de places disponibles dans chaque laboratoire,

dans les cinq laboratoires ou stations de chimie analytique, chimie agricole, génétique et pathologie végétale, technologie et viticulture.

En ce qui concerne la discipline, les élèves de cette section d'application sont soumis aux règlements en vigueur à l'Institut national agronomique.

Dix bourses, de 150 fr. par mois, peuvent être réparties entre les élèves de la section, sous forme de bourse entière ou par fraction de bourse.

A la fin des études de la section, il pourra être délivré par le ministre de l'agriculture le diplôme de spécialité du laboratoire auquel ils auront été affectés, aux élèves ayant obtenu 75 % des points. A défaut de diplôme, les élèves qui auront néanmoins fait preuve de connaissances suffisantes et d'un travail satisfaisant pourront recevoir dans les mêmes conditions le certificat délivré par le ministre de l'agriculture.

d) Section d'application de la mutualité et de la coopération agricoles

Il est créé à l'Institut national agronomique une section d'application de la MUTUALITÉ ET DE LA COOPÉRATION AGRICOLES, pour la formation des directeurs de syndicats, de caisses de crédit et d'assurances et de sociétés coopératives agricoles.

Elle fonctionne depuis le 15 octobre 1920 et reçoit chaque année, à raison de vingt au maximum, les élèves diplômés de l'Institut national agronomique et ceux des Ecoles nationales d'agriculture qui se sont fait inscrire avant le 15 septembre.

L'admission définitive des candidats est fixée par arrêté ministériel, en tenant compte de leur rang de classement de sortie et de leur note de diplôme.

En principe, la moitié des places est réservée aux ingénieurs agronomes et l'autre moitié aux ingénieurs agricoles.

La durée des études est fixée à cinq mois.

L'enseignement est donné comme suit :

1° Du 15 octobre au 31 décembre, à l'Institut national agronomique, ainsi qu'au Musée social ;

2° Du 1er janvier suivant au 15 mars, dans des institutions de mutualité, de crédit et de coopération agricoles, tant à Paris qu'en province.

Le programme des études comporte des leçons, des applications, des exercices ou travaux pratiques, des stages et des excursions.

En ce qui concerne la discipline, les élèves de la section d'application sont soumis aux règlements en vigueur dans les établissements où ils sont reçus.

Cinq bourses, de 150 fr. par mois, peuvent être réparties entre les élèves de la section, sous forme de bourse entière ou de fraction de bourse.

A la fin des études, il pourra être délivré par le ministre de l'agriculture le diplôme de la section aux élèves ayant obtenu 75 % du total des points. A défaut du diplôme, les élèves qui auront, néanmoins, fait preuve de connaissances suffisantes et d'un travail satisfaisant pourront recevoir, dans les mêmes conditions, le certificat de spécialité délivré par le ministre de l'agriculture.

c) Section d'application de mécanique agricole

Il est créé à l'Institut national agronomique une section d'application de MÉCANIQUE AGRICOLE, pour la formation des spécialistes dans les applications de cette science à l'agriculture et à l'industrie agricole.

Cette section fonctionne depuis le 1er octobre 1920 et reçoit chaque année, à raison de vingt au maximum, les élèves diplômés de l'Institut national agronomique et ceux des Ecoles nationales d'agriculture qui se sont fait inscrire avant le 15 septembre.

L'admission définitive des candidats est fixée par arrêté ministériel, en tenant compte de leur rang de classement de sortie et de leur note de diplôme.

En principe, la moitié de ces places est réservée aux ingénieurs agronomes et l'autre moitié aux ingénieurs agricoles.

La durée des études est fixée à huit mois.

Pendant ces huit mois d'études, les ingénieurs agronomes et les ingénieurs agricoles admis dans la section suivent les cours et applications pratiques à la station d'essais de machines agricoles, 2, avenue de Saint-Mandé, à Paris (XIIe).

En ce qui concerne la discipline, les élèves de cette section d'application sont soumis aux règlements en vigueur à l'Institut national agronomique.

Cinq bourses de 150 fr. par mois peuvent être réparties entre les élèves de la section sous forme de bourse entière ou par fraction de bourse.

A la fin des études de la section, il pourra être délivré par le ministre de l'agriculture le diplôme de spécialité de mécanique agricole aux élèves ayant obtenu 75 % des points. A défaut de diplôme, les élèves qui auront néanmoins fait preuve de connaissances suffisantes et d'un travail satisfaisant pourront recevoir, dans les mêmes conditions, le certificat délivré par le ministre de l'agriculture.

CONDITIONS D'ADMISSION A L'INSTITUT NATIONAL AGRONOMIQUE

Demande d'admission. — Age Pièces à fournir

a) ÉLÈVES RÉGULIERS FRANÇAIS

Les candidats doivent justifier qu'ils sont âgés de 17 ans révolus le premier juillet de l'année où ils se présentent.

Toute demande d'admission doit être faite sur papier timbré et adressée avant le 1er mai, terme de rigueur, au directeur de l'Institut agronomique, 16, rue Claude-Bernard, Paris (Ve). Le candidat doit y faire connaître :

1º Ses titres scientifiques ;

(Ces titres doivent être seulement indiqués sur la demande. Ils seront présentés par le candidat au jury du concours, au moment de l'examen oral).

2º La langue vivante sur laquelle il désire être interrogé. (S'il présente une seconde langue, l'indiquer également) ;

3º S'il désire être interrogé sur l'agriculture ;

4º Son adresse exacte ;

5º La ville dans laquelle il désire subir les épreuves écrites du concours ;

6º S'il demande une bourse.

La demande d'admission doit être accompagnée :

1º De l'acte de naissance du candidat ;

2º D'un certificat de vaccine ;

3º D'un certificat de moralité délivré par le chef de l'établissement dans lequel le candidat a accompli sa dernière année d'études ou, à défaut, par le maire de sa dernière résidence ;

4º D'une obligation souscrite sur papier timbré par les parents ou le tuteur du candidat, pour garantir le payement de la rétribution scolaire.

Cette obligation doit être rédigée comme suit :

« Je soussigné (nom, prénoms et qualité) m'engage à payer par semestre et d'avance la pension de (titre de parenté ou de liaison du candidat, les nom, prénoms et domicile) à l'Institut national agronomique, à raison de 800 francs par an, pendant tout le temps qu'il passera dans cet établissement.

« A défaut de payement de ladite pension aux époques fixées, je m'expose à ce que le recouvrement en soit poursuivi conformément à l'article 54 de la loi du 13 avril 1918. »

Cette pièce doit être dûment légalisée. Elle est exigée de tous les candidats, même de ceux qui demandent une bourse.

Les parents qui ne résident pas à Paris ou dans le département de la Seine sont tenus d'y avoir un correspondant qui puisse les représenter auprès du directeur de l'Ecole et surveiller la conduite des élèves en dehors de l'établissement.

b) Auditeurs libres

Les auditeurs libres ne sont soumis à aucune condition d'âge et sont dispensés de tout examen d'admission ; ils suivent les cours qui sont à leur convenance, mais ils n'ont entrée ni aux salles d'études ni aux laboratoires.

Pour être reçu auditeur libre, il faut en faire la demande sur papier timbré au directeur de l'Institut agronomique, en présentant les pièces suivantes :

1° Acte de naissance ;
2° Certificat de moralité.

L'admission est prononcée par le directeur de l'Institut agronomique qui en rend compte au Ministre.

c) Candidats étrangers

Les étrangers peuvent être admis à l'Institut national agronomique soit comme élèves, soit comme auditeurs libres ; dans l'un et l'autre cas, ils sont soumis aux mêmes conditions et règles que les nationaux pour ce qui regarde l'admission, la rétribution scolaire et le séjour à l'Ecole.

Pour les candidats étrangers, l'obligation relative au payement de la pension doit être fournie, à défaut de parents, par un correspondant résidant en France, qui se constitue personnellement responsable de ce payement.

Les élèves et auditeurs libres étrangers doivent présenter un certificat émanant de leur agent diplomatique en France et le récépissé de déclaration de résidence (art. 1er du décret du 2 octobre 1888).

d) Section étrangère

Il a été, en outre, créé à l'Institut national agronomique, par arrêté du 2 décembre 1911, une section étrangère pour l'admission des élèves étrangers. Ceux-ci subissent, à cet effet les épreuves d'un concours spécial qui a lieu chaque année en même temps que le concours d'admission des élèves français.

Ce concours spécial comprend exactement les mêmes épreuves que le concours d'admission des élèves français, sauf la composition française.

A la fin de ce concours, les élèves étrangers sont classés à part et entre eux.

Ils doivent, pour être admis, réunir au moins la même moyenne de points que le dernier admis des élèves français.

Le nombre des élèves admis dans cette section étrangère ne peut, chaque année, être supérieur à 10.

Nature des épreuves. — Durée Coefficients

Le concours comprend des épreuves écrites et des épreuves orales ; les épreuves écrites sont éliminatoires.

Examen écrit

Mathématiques (arithmétique, algèbre, géométrie, mécanique, calcul logarithmique, trigonométrie). Durée 3 heures ; Cœfficient 3 ;

Composition française (cette composition sera toujours tirée du programme de philosophie scientifique spécifié plus loin). Durée 3 heures ; Cœfficient 3 ;

Sciences naturelles. Durée 3 heures ; Cœfficient 3 ;

Physique et chimie. Durée 3 heures ; Cœfficient 3 ;

Epure de géométrie descriptive. Durée 3 heures ; Cœfficient 1 ;

Dessin graphique. Durée 3 heures ; Cœfficient 1.

Total pour l'écrit 14.

Examen oral

Mathématiques : 1er Examinateur : arithmétique, algèbre, trigonométrie, mécanique ; cœfficient 2 ; 2e Examinateur : géométrie, géométrie descriptive, cosmographie ; coefficient 2 ;

Physique. Cœfficient 2 ;

Chimie. Cœfficient 3 ;

Sciences naturelles. Cœfficient 3 ;

Géographie. Cœfficient 2 ;

Langues vivantes. Cœfficient 2.

Épreuve facultative

Connaissances en agriculture. Cœfficient 1.
Total pour l'oral 18.

Centres des examens
Exécution des épreuves

Les dates des examens et de l'ouverture de l'École sont annoncée par voie d'avis au *Journal officiel*.

a) *Épreuves écrites*

Les épreuves écrites ont lieu généralement au commencement de juin dans les villes ci-après désignées, au choix du candidat : Alger, Avignon, Bordeaux, Chaumont, Limoges, Lyon, Nancy, Nevers, Paris, Rennes, Toulouse et Tours.

Elles sont éliminatoires.

Les candidats sont invités à porter une attention toute particulière à la rédaction des compositions. L'ordre et la méthode dans l'exposition des idées, la concision et la clarté du style seront pris en considération dans la notation. Les fautes graves d'orthographe suffiront pour motiver l'exclusion du concours.

La composition française est toujours tirée du programme de philosophie scientifique et morale que l'on trouvera plus loin et qui est celui de la classe de mathématiques élémentaires A.

Les langues vivantes admises au concours d'admission sont l'allemand, l'anglais et l'espagnol. Les candidats peuvent demander à être interrogés sur ces langues. Chacune donne droit à une note distincte et ces notes s'additionnent ; mais dans ce cas, la note la plus faible n'est multipliée que par le coefficient un.

Les candidats qui désireraient être interrogés sur une autre langue devront le mentionner spécialement dans leur demande.

L'épreuve de dessin graphique consiste dans l'exécution, au net, à une échelle donnée, du dessin et du lavis total ou partiel d'un organe simple de machine ou d'un détail de construction, d'après un croquis coté remis aux candidats.

Le dessin sera contenu dans une feuille dite « huitième grand aigle » à l'intérieur d'un cadre de 21×27 centimètres.

Toutes les figures seront tracées à l'encre de Chine ; les lignes de coté, indiquées sur le modèle, seront reproduites à l'encre rouge ; les attaches et les cotes à l'encre de Chine.

Les titres seront tracés à l'encre de Chine, en caractères parfaitement dessinés ou en écriture ronde ou bâtarde, suivant la demande de l'examinateur. Les parties coupées seront lavées en teintes conventionnelles.

Outre les fournitures nécessaires à l'exécution complète du report à l'échelle, de la mise au trait et du lavis, les candidats auront à se munir d'une planchette ordinaire, sans réglette, sur laquelle une feuille de papier à dessin aura été préalablement collée.

b) *Épreuves orales*

Les épreuves orales sont subies à Paris dans le courant du mois de juillet ; ces épreuves sont publiques. Elles portent sur les mêmes matières que les épreuves écrites et, en outre, sur la géographie et sur l'une des langues vivantes ci-après, ou sur deux de ces langues, au choix des candidats : anglais, allemand, espagnol et arabe.

Les notes des épreuves orales (obligatoires et facultatives) s'ajoutent à celles des épreuves écrites et à la note attribuée aux titres, pour déterminer le nombre total de points qui sert à établir le classement des candidats.

Majorations

a) *Pour services de guerre*

Une majoration de 15 points au maximum du nombre total des points obtenus dans les concours d'admission à l'Institut national agronomique et aux Écoles nationales d'agriculture a été accordée en 1921 aux candidats militaires qui ont été mobilisés avant l'armistice, et pour la période à compter du jour de leur mobilisation jusqu'au jour de la signature de l'armistice.

Postérieurement à cette date, ce bénéfice sera également maintenu aux candidats militaires qui auront tenu garnison, soit en Alsace et Lorraine, soit dans les pays occupés.

Ne pourront par contre prétendre à ces majorations les candidats militaires appelés sous les drapeaux postérieurement à l'armistice et ne remplissant pas les conditions énoncées à l'alinéa précédent.

Les intéressés devront joindre à leur demande d'admission au concours un état certifié par l'autorité militaire, indiquant :

1° Le nombre de mois de présence sous les drapeaux à l'intérieur, avant l'armistice ;

2° Le nombre de mois de présence aux armées, avant l'armistice ;

3° Le nombre de mois passés, après l'armistice, en Alsace-Lorraine, dans les pays occupés, ou pour l'exécution d'une mission spéciale à l'étranger.

Les candidats français nés en Alsace et Lorraine et y résidant subiront les mêmes épreuves que les autres candidats français, mais ils seront classés entre eux. Il leur sera réservé sur la liste d'admission un nombre de places qui sera, au minimum, tel qu'il y ait proportion entre le nombre de candidats reçus et le nombre de candidats qui se seront présentés.

b) Pour possession de diplômes

Au terme de la loi du 2 août 1918 (art 2) les élèves diplômés des Ecoles nationales d'agriculture et les élèves diplômés des Ecoles nationales vétérinaires bénéficient d'une majoration de points ainsi calculée :

8 pour cent du total des points qui peuvent être atteints, aux épreuves écrites.

2 pour cent du total des points qui peuvent être atteints, aux épreuves orales.

Il est en outre tenu compte aux autres candidats, mais à l'examen oral seulement, de la possession de l'un des diplômes ci-après, qui leur assure les points suivants, sans qu'il puisse y avoir cumul de ces différents titres :

Diplôme des Ecoles nationales d'agriculture et diplôme des Ecoles nationales vétérinaires, 20 points ;

Diplôme de licencié ès sciences, 20 points ·

Diplôme de licencié ès-lettres ou de licencié en droit, 15 points ;

Certificat d'études physiques, chimiques et naturelles, 15 points ;

Diplôme de l'Ecole nationale des Industries agricoles de Douai, 12 points ;

Diplôme de bachelier, 10 points ;

Diplôme de bachelier portant plus d'une mention, 12 points ;

Diplôme des Ecoles pratiques d'agriculture, 8 points.

Programme des connaissances exigées

Philosophie

I. — ELÉMENTS DE PHILOSOPHIE SCIENTIFIQUE

Introduction: La connaissance vulgaire et la connaissance scientifique.

La science: Classification et hiérarchie des sciences.

Méthode des sciences mathématiques: Définitions. — Axiomes et postulats. — Démonstration.

Méthode des sciences de la Nature: L'expérience: les méthodes d'observation et d'expérimentation. — L'hypothèse; les théories. — Rôle de l'induction et de la déduction dans les sciences de la nature. La classification.

Méthode des sciences morales et sociales: les procédés de la psychologie. — Rapports de l'histoire et des sciences sociales.

II. — ELÉMENTS DE PHILOSOPHIE MORALE

Les conditions psychologiques de la vie morale.

Objet et caractère de la morale. —

Les données de la conscience morale: obligation et sanction.

Les mobiles de la conduite et les fins de la vie humaine. — Le plaisir, le sentiment et la raison. — L'intérêt personnel et l'intérêt général. — Le devoir et le bonheur. — La perfection individuelle et le progrès de l'humanité.

Morale personnelle: Le sentiment de la responsabilité. — La vertu et le vice. — La dignité personnelle et l'autonomie morale.

Morale domestique: La constitution morale et le rôle social dans la famille. — L'autorité dans la famille.

Morale sociale: Le droit. — Justice et charité. — La solidarité. — *Les droits.* — Respect de la vie et de la liberté individuelle. — La propriété et le travail. — La liberté de penser.

Morale civique et politique. — La Nation et la Loi. — La Patrie. — L'Etat et ses fonctions. — La démocratie: l'égalité civile et politique.

Langues vivantes

(Anglais, Allemand, Espagnol, Arabe)

Les candidats devront connaître les règles principales de la grammaire de la langue étrangère qu'ils auront choisie, savoir expliquer un texte à livre ouvert et répondre en cette langue à quelques questions adressées par l'examinateur, ou faire un thème oral.

Mathématiques

ARITHMÉTIQUE

Numération décimale.
Addition, soustraction, multiplication et divi-

---

(1) Le sujet de la composition française sera choisi parmi les matières du programme des éléments de philosophie et morale.

sion de nombres entiers. Théorèmes fondamentaux concernant ces opérations. Explication des règles pratiques pour effectuer les opérations.

On ne change pas le reste d'une somme, d'une différence, d'un produit, en augmentant ou diminuant un terme ou un facteur d'un multiple du diviseur. Restes de la division d'un nombre entier par 2, 5, 4, 25, 8, 125, 9, 3, 11. Caractères de divisibilité par chacun de ces nombres.

Plus grand commun diviseur de deux ou plusieurs nombres. Nombres premiers entre eux. On ne change pas le plus grand commun diviseur de deux nombres en multipliant ou en divisant l'un d'eux par un nombre premier à l'autre.

Tout nombre qui divise un produit de deux facteurs et qui est premier à l'un de ces facteurs divise l'autre. Le produit de deux nombres premiers à un troisième nombre est premier à ce dernier nombre. Plus petit commun multiple de deux ou plusieurs nombres.

Définition et propriétés élémentaires des nombres premiers.

Décomposition d'un nombre entier en un produit de facteurs premiers.

Cette décomposition ne peut s'effectuer que d'une seule façon. Composition du plus grand commun diviseur et du plus petit commun multiple de deux ou plusieurs nombres décomposés en facteurs premiers.

Fractions ordinaires. Réduction d'une fraction ordinaire à sa plus simple expression. Réduction de plusieurs fractions au même dénominateur. Plus petit dénominateur commun. Opérations sur les fractions ordinaires. Extension à ces opérations des propositions fondamentales concernant les opérations sur les nombres entiers. Extension de la théorie aux fractions dont les deux termes sont des fractions ordinaires.

Nombres décimaux. Opérations (en considérant les fractions décimales comme cas particuliers des fractions ordinaires). Calcul d'un quotient à une approximation décimale donnée.

Réduction d'une fraction ordinaire en fraction décimale : condition de possibilité. Lorsque la réduction est impossible, la fraction ordinaire peut être regardée comme la limite d'une fraction décimale périodique illimitée.

Carré d'un nombre entier ou fractionnaire. Composition du carré de la somme de deux nombres. Le carré d'une fraction n'est jamais égal à un nombre entier. Définition et extraction de la racine carrée d'un nombre entier ou fractionnaire à une approximation décimale donnée.

Système métrique. Exercices.

Rapport de deux nombres. Rapports égaux. Partages en parties proportionnelles.

Mesures des grandeurs. Définition du rapport de deux grandeurs de même espèce. Théorème : le rapport de deux grandeurs de même espèce est égal au quotient des nombres qui les mesurent.

Grandeurs directement ou inversement proportionnelles. Problèmes. Règle de trois simple ou composée. Intérêt simple. Rentes françaises. Escomptes. Questions sur les mélanges et les alliages.

Définition de l'erreur absolue et de l'erreur relative. Détermination d'une limite supérieure de l'erreur commise sur une somme, une différence, un produit, un quotient, connaissant les limites supérieures des erreurs dont les données sont entachées. Calcul à une approximation donnée d'une somme, d'une différence, d'un produit ou d'un quotient.

ALGÈBRE

Introduction des nombres positifs et négatifs ; leur utilité pour la représentation des grandeurs susceptibles d'être comptées dans deux sens opposés. Opérations sur ces nombres. Extension aux fractions algébriques des propriétés démontrées en arithmétique. Monômes, polynômes ; addition, soustraction, multiplication et division des monômes et des polynômes.

Principes relatifs à la résolution des équations.

Equation du premier degré à une ou deux inconnues ; résolution et discussion. Exemples de systèmes d'équations du premier degré à plusieurs inconnues.

Equation du second degré à une inconnue. (On ne développera pas la théorie des imaginaires). Relations entre les coefficients et les racines. — Nature et signe des racines. — Equation bicarrée. Changements de signes et variations des expressions $ax + b$, $ax^2 + bx + c$.

Inégalités du premier et du second degré.

Problèmes du premier et du second degré, mise en équations. — Discussion des résultats.

Progressions arithmétiques et progressions géométriques.

Somme des carrés et des cubes des n premiers nombres entiers.

Logarithmes vulgaires. Usage des tables à cinq décimales.

Intérêts composés et annuités.

Coordonnées d'un point. Représentation d'une droite par une équation du premier degré. Coefficient angulaire d'une droite. Construction d'une droite donnée par son équation.

Représentation d'une fonction par une courbe.

Variations et représentations graphiques des fonctions :

$$y = ax + b \qquad\qquad y = \frac{ax + b}{a'x + b'}$$
$$y = ax^2 + bx + c \qquad\qquad y = \frac{ax + b}{a'x^2 + c'x + c}$$

Notions de la dérivée. Signification géométrique (coefficient angulaire de la tangente) et cinématique (vitesse dans le mouvement rectiligne) de la dérivée ; le sens de la variation d'une fonction est indiqué par le signe de la dérivée. Dérivée d'une somme, d'un produit, d'un quotient, de la racine carrée d'une fonction, de $\sin x$, $\cos x$, $\operatorname{tg} x$, $\operatorname{cotg} x$.

Application à l'étude de la variation, à la recherche des maxima et des minima de quelques fonctions simples, en particulier des fonctions de la forme :

$$\frac{ax^2 + bx + c}{a'x^2 + b'x + c'} \; ; \qquad x^3 + px + q$$

où les coefficients ont des valeurs numériques.

Dérivée de l'aire d'une courbe considérée comme fonction de l'abscisse.

(On admettra la notion d'aire et on laissera de côté toutes les questions subtiles que soulève une exposition rigoureuse de la théorie des dérivées.)

TRIGONOMÉTRIE

Lignes trigonométriques. — Relation entre les

lignes trigonométriques d'un même arc. Calcul des lignes trigonométriques de quelques arcs $\frac{\pi}{4}$, $\frac{\pi}{3}$, etc.

Théorie des projections.

Formules d'addition pour le sinus, le cosinus et la tangente.

Expressions de sin $2a$, cos $2a$, tg $2a$.

Toutes les lignes trigonométriques de l'arc a s'expriment rationnellement en fonction de tg $\frac{1}{2}a$.

Connaissant cos a, ou sin a, calculer sin $\frac{1}{2}a$ et cos $\frac{1}{2}a$.

Connaissant gt a, calculer tg $\frac{1}{2}a$.

Transformer en produit la somme ou la différence de deux lignes trigonométriques, sinus, cosinus ou tangentes. Problème inverse.

Limite de $\frac{\sin x}{x}$ quand x tend vers o.

Usage des tables de logarithmes à cinq décimales.

Résolution et discussion de quelques équations trigonométriques simples.

Relations entre les côtés et les angles d'un triangle. Résolution des triangles.

Application de la trigonométrie aux différentes questions relative au levé de plans.

Résolution trigonométrique de l'équation du second degré (1).

GÉOMÉTRIE

Droite. — Angles. — Parallélisme. — Polygones. — Cercle. Plans; droites et plans. — Angles dièdres; angles polièdres.

Translation. Rotation. Symétries.

Homothétie et similitude. Relations métriques. Polygones réguliers.

Prisme, pyramide, cylindre, cône, sphère.

Aires et volumes.

Puissance d'un point par rapport à un cercle et par rapport à une sphère.

Inversion. Applications. Appareil de Peaucellier. Projection stéréographique.

Vecteurs. — Projection d'un vecteur sur un axe; moment linéaire par rapport à un point; moment par rapport à un axe.

Somme géométrique d'un système de vecteurs; moment résultant par rapport à un point; somme de moments par rapport à un axe.

Application à un couple de vecteurs.

Projections centrales. — Plan du tableau. — Perspective d'un point, d'une droite, d'une ligne. Point de fuite d'une droite. Perspective de deux droites parallèles. Ligne de fuite d'un plan. Conception de la droite à l'infini du plan.

CONIQUES

Ellipse. — Tracé, tangente, problèmes simples sur les tangentes. Equation de l'ellipse rapportée à ses axes.

Ellipse considérée comme projection du cercle; problèmes simples sur les tangentes; intersection de l'ellipse et d'une droite.

Hyperbole. — Tracé, tangente, asymptotes, problèmes simples sur les tangentes. Equation de l'hyperbole rapportée à ses axes.

Parabole. — Tracés, tangentes, problèmes simples sur les tangentes. Equation de la parabole

rapportée à son axe et à la tangente au sommet.

Définition commune de ces courbes au moyen d'un foyer et d'une directrice.

Sections planes d'un cône ou d'un cylindre de révolution.

GÉOMÉTRIE DESCRIPTIVE

Rabattements. — Changement d'un plan de projection. — Rotation autour d'un axe perpendiculaire à un plan de projection.

Application aux distances et aux angles: distance de deux points, d'un point à une droite, d'un point à un plan; plus courte distance de deux droites dont l'une est verticale ou debout, ou de deux droites parallèles à un même plan de projection; perpendiculaire commune à ces droites; angle d'un droite et d'un plan; angle de deux plans.

Projection du cercle. — Sphère, section plane; intersection avec une droite. — Cône et cylindre à directrice circulaire; plan tangent passant par un point ou parallèle à une droite; ombres; contours apparents; sections planes. Cônes et cylindres circonscrits à la sphère. Ombres.

Représentation d'une surface par des courbes de niveau.

Cote d'un point de la surface dont la projection horizontale est donnée. Pente d'une ligne tracée sur une surface. Lignes d'égale pente. Lignes de plus grande pente. Application des considérations précédentes aux cartes topographiques.

Planimétrie et nivellement. Lignes et teintes conventionnelles. Lecture d'une carte et en particulier de la carte d'état-major. Usage de la carte sur le terrain.

Mécanique

CINÉMATIQUE

Unités de longueur de temps.

Du mouvement, sa relativité. Trajectoire d'un point.

Exemples de mouvement.

Mouvement rectiligne; mouvement uniforme; vitesse, sa représentation par un vecteur. Mouvement varié; vitesse moyenne; vitesse à un instant donné, sa représentation par un vecteur; accélération moyenne, accélération à un instant donné, sa représentation par un vecteur. Mouvement uniformément varié.

Mouvement curviligne; vitesse moyenne, vitesse à un moment donné, sa représentation par un vecteur. Mouvement uniformément varié.

Mouvement curviligne; vitesse moyenne, vitesse à un moment donné définies comme vecteurs. Valeur algébrique de la vitesse. Hodographe, accélération.

Mouvement circulaire uniforme, vitesse angulaire; projection sur un diamètre, mouvement oscillatoire simple sur une droite.

Changement du système de comparaison. Composition des vitesses.

Exemples et applications (ne pas insister sur les applications purement géométriques).

Mouvement de translations d'un corps solide. Glissières rectilignes.

Mouvement de rotation d'un corps solide autour d'un axe. Arbres et coussinets. Pivots et crapaudines. Gonds et charnières.

---

(1) On ne parlera pas de la construction des tables trigonométriques.

Etude géométrique de l'hélice. Mouvement hélicoïdal d'un corps. Vis et écrou.

Transformations simples de mouvements étudiées au point de vue pratique: courroies de transmission, roues dentées, bielles et manivelles (on n'étudiera pas le détail des mécanismes).

DYNAMIQUE ET STATIQUE

Point matériel. — Inertie. Force: sa représentation par un vecteur. Masse.

Indépendance des effets des forces. Composition des forces.

Equilibre d'un point matériel libre. Equilibre d'un point matériel sur une courbe ou sur une surface. Equilibre d'un point matériel sur un plan quand on tient compte du frottement.

Mouvement d'un point pesant libre suivant une verticale.

Mouvement parabolique d'un point pesant.

Frottement de glissement. Mouvement d'un point pesant sur la ligne de plus grande pente d'un plan avec ou sans frottement.

Travail d'une force appliquée à un point matériel. Unité de travail.

Travail d'une force constante, d'une force variable. Travail élémentaire. Travail total. Evaluation graphique. Travail de la résultante de plusieurs forces.

Théorèmes des forces vives pour un point matériel. Exemples simples.

Forces appliquées à un corps solide. — Forces parallèles. — Centre des forces parallèles. Centre de gravité. Sa recherche dans quelques cas simples: triangle, trapèze, quadrilatère, prisme, pyramide.

Couples, composition des couples.

Réduction des forces appliquées à un solide à deux forces ou à une force et à un couple.

Conditions d'équilibre d'un corps solide. Cas de trois forces, de forces parallèles, de forces situées dans un même plan.

Equilibre d'un corps mobile autour d'un axe fixe, d'un point fixe ou bien assujetti à reposer sur un plan fixe.

Machines simples à l'état de repos. — Levier. Charge du point d'appui. Treuil. Poulie fixe et poulie mobile.

Moufles, cric, plan incliné.

On vérifiera que, si une machine simple est en mouvement, les conditions d'équilibre étant remplies à chaque instant, le travail élémentaire de la puissance est égal et de signe contraire à celui de la résistance.

Enoncé du théorème général des forces vives. Application aux machines.

Travail moteur et travail résistant.

Résistances passives. Frottement.

Travail des résistances passives. Rendement d'une machine.

Indications sur l'emploi des volants et des freins.

COSMOGRAPHIE

Sphère céleste. — Distance angulaire. Hauteur et distance zénithale. Théodolite. Lois du mouvement diurne. Méridien. Pôle. Jour sidéral. Ascension droite et déclinaison. Lunette méridienne.

Terres. — Coordonnées géograpihques.

Dimensions et relief de la terre.

Mappemonde. Cartes.

Soleil. — Mouvement propre apparent sur la sphère céleste. Ecliptique. Inégalité des jours et des nuits aux diverses latitudes. Saisons. Année tropique et année sidérale.

Heure sidérale; heure moyenne; heure légale. Calendrier julien et grégorien.

Lune. — Mouvement propre apparent sur la sphère céleste. Phases.

Rotation. Variation du diamètre apparent. Eclipses de lune et de soleil.

Planètes. — Système de Copernic.

Lois de Képler.

Loi de Newton et ses conséquences.

Notions sommaires sur les distances, les dimensions, la constitution, physique du soleil, des planètes et de leurs satellites.

Comètes, étoiles filantes; bolides.

Etoiles; constellations; nébuleuses; voie lactée.

Sciences

PHYSIQUE

Mécanique. — *Physique.* — Systèmes d'unités mécaniques: système C. G. S. et système du kilogrammètre.

Balance: expression de la sensibilité; double pesée.

Mouvement pendulaire, applications du pendule.

Pression dans les liquides; principe de Pascal; variation de la pression avec la profondeur; siphon; pompes.

Principes d'Archimède; mesure de la densité des solides et des liquides. — Corps flottants; formule de l'aéromètre.

Chaleur. — Thermomètre à mercure; température.

Quantité de chaleur.

Equivalence de la chaleur et du travail; énergie interne; principe de la conservation de l'énergie; énoncé du principe de Carnot.

Dilatation des solides et des liquides; cas de l'eau. — Chaleur spécifique des solides et des liquides; lois de Dulong, Petit et Kopp.

Etude des gaz. — Pression atmosphérique; baromètre. Loi de Mariotte. — Manomètre; machine pneumatique; trompes.

Dilatation des gaz; masse d'un volume de gaz; densité des gaz. — Définition des deux chaleurs spécifiques. — Loi du mélange des gaz.

Changements d'état. — Fusion et solidification; chaleur de fusion.

Dissolution; courbes de solubilité. — Lois de Raoult. — Point d'eutexie: mélanges réfrigérants.

Pression maximum des vapeurs; mélange des gaz et des vapeurs. — Evaporation; vitesse d'évaporation; ébullition; surchauffe; loi de Raoult; chaleur de vaporisation. — Liquéfaction des gaz; isothermes d'Andrews.

Courbes d'état d'un corps; point critique; triple point. — Enoncé de la règle des phases. Hygrométrie; hygromètre d'Alluard; hygromètre chimique.

Optique. — Intensité des sources de lumière. Réflexion et réfraction; miroirs, prismes, lentilles.

Loupe et microscope; objectif photographique; notions sur les manipulations photographiques.

Dispersion. — Spectres des diverses sources de

lumière; spectres d'absorption; couleur des corps. — Etude du spectre de l'infra-rouge à l'ultra-violet.

Courant électrique. — Electrolyse; intensité d'un courant. — Ions; lois de Faraday, réactions secondaires.

Loi de Joule; résistance; différence de potentiel.

Loi d'Ohm; courants dérivés.

Piles; polarisation. — Accumulateurs. — Force électromotrice d'u ngénérateur; force contre-électromotrice d'un récepteur; circuits comprenant des générateurs et des récepteurs. — Expression générale de la puissance électrique.

Systèmes d'unités pratiques.

Magnétisme et électro-magnétisme. — Aimants. — Spectres magnétiques. — Champ magnétique terrestre. Champ magnétique d'un courant; règle du tire-bouchon; solénoïde; galvanomètre à aimant mobile. Aimantation. — Flux magnétique. — Saturation. — Hystérésis. — Electro-aimant.

Action d'un champ magnétique sur un courant; règle des trois doigts; galvanomètre à cadre mobile. — Ampèremètre; shunt des ampèremètres. — Voltmètre; résistance en série sur les voltmètres.

Induction; expériences fondamentales; forces électromotrice d'induction. — Self-induction.

Rotation d'un cadre dans un champ magnétique; courants alternatifs. — Intensité efficace; ampèremètre thermique.

CHIMIE GÉNÉRALE

Généralités sur les combinaisons chimiques.

Lois pondérales de la chimie.

Nombres proportionnels; symboles, formules.

Lois des volumes. — Hypothèse d'Ampère et d'Avogadro. — Molécules. — Définition des masses oléculaires.

Loi de Raoult. — Atomes; notation atomique — Valence.

Acides; bases; sels. — *Chaleur de réaction.*

Equilibres chimiques, vitesse de réaction, catalyse.

Métalloïdes.

Hydrogène. — Préparation, propriétés.

Oxygène. — Préparation, propriétés, combustions.

Oxydes. — Ozone.

Eau. — Propriétés physiques, composition. — Analyse et synthèse. — Propriétés chimiques. — Eaux potables.

Eau oxygénée. — Préparation, propriétés.

Combinaisons de l'azote avec l'oxygène. Oxyde azoteux: Préparation, propriétés. Oxyde azotique: Préparation, propriétés, *synthèse.*

Peroxyde d'azote. — Préparation, propriétés.

Acide azotique: nitrification, préparation, propriétés.

Acide azotique: nitrification, préparation, propriétés, *nitrates.*

Combinaisons de l'azote avec l'hydrogène.

Origine des composés ammoniacaux. — Gaz ammoniac et sa solution aqueuse, préparation, propriétés, *nitrates.*

Combinaisons de l'azote avec l'hydrogène.

Origine des composés ammoniacaux. — Gaz ammoniac et sa solution aqueuse, préparation, propriétés. Chlore: Préparation dans les laboratoires et dans l'industrie, propriétés.

Composés oxygénés du chlore: Hypochlorite, chlorates.

Combinaison du chlore avec l'hydrogène: Acide chlorydrique, préparation dans les laboratoires et dans l'industrie, propriétés, *chlorures.*

Fluor, brome, iode: Composés hydrogénés. — *Bromures.* — *Iodures.*

Soufre. — Extraction, purification, propriétés chimiques.

Composés oxygénés du soufre: Anhydride sulfureux. — Divers modes de production de ce gaz. — Propriétés physiques et chimiques. — *Sulfites.* — *Hydrosulfites.* — *Hyposulfites.*

Acide sulfurique. — Anhydride sulfurique. — Acide sulfurique fumant. — Préparation industrielle de l'acide sulfurique. — Propriétés. — *Sulfates.* — Acide sulfhydrique: Préparation, propriétés. — *Sulfures.*

Phosphore. — Procédés d'extraction. — Propriétés physiques et chimiques.

Composés oxygénés du phosphore. — Acide phosphorique.

Phosphates. — Hydrogène phosphaté.

Notions sur l'arsenic, le bore et leurs composés.

Carbone. — Etat naturel du carbone. — Propriétés physiques des charbons. — Propriétés chimiques du carbone.

Oxyde de carbone: Préparation, propriétés physiques et chimiques.

Anhydride carbonique. — Circonstances dans lesquelles il se produit dans la nature. — Action des plantes sur le gaz carbonique de l'atmosphère. — Préparation. — Propriétés physiques et chimiques. — *Carbonates.*

Sulfure de carbone.

Silice. — Notions sur les composés du silicium.

Résumé. — Classification des métalloïdes en familles naturelles.

Métaux. — Métaux en général. — Propriétés. — Classification. — Alliages.

Sels. — *Propriétés générales.* — *Cristallisation. Dissociation électrolytique.* — *Action des acides, des bases et des sels sur les sels.* — Action de l'eau sur les sels.

Potasse, soude, sel marin, nitre et poudre, aluns, carbonates de potassium et de sodium.

Chaux. — Carbonates de calcium.

Fer. — Principes de la métallurgie du fer, des fontes et des aciers.

Sciences Naturelles

ZOOLOGIE

Caractères généraux du règne animal. — Notions sur les tissus organiques des animaux. — Organisation des animaux.

Fonctions de nutrition

Digestion. — Aliments. — Appareil digestif des mammifères; description sommaire de cet appareil. — Cavité buccale. — Les dents. — Leur composition. — Diverses sortes de dents. — Pharynx. — Œsophage. — Estomac. — Intestins. Glandes salivaires. — Pancréas. — Foie. Phénomènes chimiques de la digestion. Absorption. — Ses organes.

Notions sommaires sur les modifications de l'appareil digestif dans la série animale.

Circulation. — Le sang; sa composition, son

rôle dans la défense de l'organisme. — Appareil circulatoire chez les mammifères. — Cœur. — Artères. — Veines. — Vaisseaux capillaires. — Appareil lymphatique. — Notions sommaires sur les modifications de l'appareil circulatoire dans la série animale.

Respiration. — Théorie de la respiration. — Appareil respiratoire chez les mammifères. — Fosses nasales. — Larynx. — Trachée. — Bronches. — Poumons.

Mécanisme de la respiration.

Notions sommaires sur les modifications de l'appareil respiratoire chez les oiseaux, chez les reptiles, chez les batraciens, chez les poissons, chez les mollusques et chez les insectes.

Larynx et phonation.

Utilisation des matériaux absorbés par l'organisme. — Chaleur animale. — Appareils d'élimination: Reins et organes segmentaires (néphridies); glandes sudoripares.

Fonctions de relation

Système squelettique. — Vertèbres. — Squelette de l'homme. — Modifications essentielles du squelette chez les vertébrés. — Squelette des invertébrés.

Articulations.

Système musculaire. — Propriétés des muscles. — Locomotion.

Système nerveux: neurones, ganglions et nerfs. — Propriétés des neurones.

Système cérébro-spinal. — Encéphale. — Moelle épinière.

Système ganglionnaire sympathique.

Physiologie du système nerveux.

Notions sur les modifications du système nerveux chez les vertébrés, les mollusques et les insectes.

Organes des sens mammifères. — Leur structure et leurs fonctions. Toucher, goût, odorat, ouïe, vision.

Notions sur leurs modifications chez les oiseaux, les reptiles, les batraciens, les poissons, les mollusques et les insectes.

Classifications

Notions générales. — Définition des embranchements. — Sous-embranchements. Classes. — Ordres. — Familles. — Genres et espèces.

Caractères généraux des cinq classes de vertébrés (mammifères, oiseaux, reptiles, batraciens et poissons).

Caractères généraux des mollusques et des insectes. — Leur division en ordres. — Notions sur les autres embranchements.

BOTANIQUE

Caractères généraux des végétaux.

Structure de la cellule végétale. — Modifications qu'elle subit. — Fibres — Vaisseaux. — Tissus vivants et tissus morts. — Chlorophylle et son rôle. — Classification des végétaux. — Végétaux cryptogames. — Cryptogames cellulaires et cryptogames vasculaires. — Végétaux phanérogames. — Phanérogames gymnospermes et phanérogames angiospermes. — Monocotylédonés et dycotylédonés. — Caractères essentiels de ces groupes.

Tige et racine des végétaux phanérogames. —

Structure et accroissement annuel. — Leurs fonctions. — Origine des radicelles.

Feuilles. — Structure et fonctions.

Plantes sans chlorophylle. — Parasitisme.

Reproduction des végétaux phanérogames.

Fleur. — Insister sur les anthères et le pollen, sur les carpelles et les ovules.

Fécondation.

Fruits et graines.

Germination.

Notions générales sur la reproduction chez les cryptogames.

Étude particulière de quelques familles de phanérogames. — Renonculacées, crucifères, légumineuses, rosacées, labiées, composées, ombellifères, graminées.

GÉOLOGIE

Étude des phénomènes géologiques actuels

Dégradation des continents sous l'influence de l'air et de l'eau. — Eaux d'infiltration; sources. — Eaux courantes; creusement des vallées; dépôts d'eau douce; deltas. — Action de l'eau à l'état solide; glaciers, moraines et blocs erratiques. — Action de la mer; dépôt marins et organismes qui concourent à leur formation; récifs coralliens.

Phénomènes volcaniques; volcans, sources thermales. Tremblements de terre.

Matériaux de l'écorce terrestre; notions très sommaires sur les principales roches éruptives et sédimentaires. — Fossiles.

Géologie proprement dite et notions sommaires de paléontologie

Classification des terrains sédimentaires.

Ère primaire. — Composition du règne animal. — Polypiers. — Tribolites. — Insectes du terrain houiller. — Céphalopodes. — Brachiopodes. — Vertébrés.

Flore de l'époque houillère.

Étude des systèmes de l'ère primaire: précambrien, silurien, dévonien, carbonifère et permien. — Éruptions primaires.

Ère secondaire. — Composition du règne animal. — Polypiers (récifs coralliens). — Oursins-mollusques. — Lamelli-branches (rudistes) et céphalopodes (ammonites et bellemnites). — Brachiopodes. — Grand développement des reptiles. — Oiseaux. — Mammifères. — Apparition des angiospermes.

Étude des systèmes de l'ère secondaire: trias, jurassique, crétacé et leurs étages.

Ère tertiaire. — Floraminifères (nummulites). — Mollusques et leurs types d'eau douce. — Vertébrés, épanouissement des mammifères; leurs rapports avec les types actuels; histoire du cheval.

Règne végétal et climats.

Étude des systèmes de l'ère tertiaire: éocène, oligocène et leurs étages; miocène, pliocène. — Soulèvement des grandes chaînes de montagnes. — Éruptions tertiaires en France.

Ère quaternaire. — Apparition et industrie de l'homme. — Faune. — Glaciers et leur extension. — Creusement des vallées. — Ruissellement et limon.

Géographie physique et économique

I

A. — LA FRANCE ET SES COLONIES

Relief du sol. Le climat. Vents et pluies.
Hydrographie. Les fleuves et leurs affluents.
Le littoral.
Répartition de la population.

II

Les *grandes régions naturelles*. Population et villes.

III

La vie économique de la France: agriculture, mines et industrie. Les moyens de communication: canaux et voies ferrées.

IV

L'empire colonial. Sa formation. L'Algérie; les protectorats de la Tunisie et du Maroc; l'Afrique occidentale française; l'Afrique équatoriale; Madagascar; l'Indo-Chine; les possessions du Pacifique et de l'Amérique.

B. — LES PRINCIPALES PUISSANCES DU MONDE

Iles Britanniques. — Géographie physique et économique. L'empire britannique. (Pour l'Angleterre comme pour les autres puissances, on n'insistera que sur les grandes colonies). L'Angleterre en Afrique.
L'Inde anglaise. L'Australie et la Nouvelle-Zélande. Le Canada.

Belgique et Pays-Bas. — Géographie physique et économique. Le Congo belge. Les Indes néerlandaises.

Allemagne. — Géographie physique et économique. L'émigration. La colonisation allemande. Le commerce allemand dans le monde.

Suisse. — Géographie physique et économique. Les nationalités.

Italie. — Géographie physique et économique. L'émigration italienne.

Russie. — Géographie physique et économique. — Les dépendances de la Russie en Asie.

Chine et Japon. — Géographie physique et économique. L'émigration chinoise et japonaise.

Etats-Unis. — Géographie physique et économique. Accroissement de la population. Expansion des Etats-Unis.

République Argentine et Brésil. — Géographie physique et économique. Développement de la colonisation.

Les grandes voies de communication. — Routes maritimes et terrestres. Chemins de fer. Grandes lignes de navigation. Télégraphes.

L'enseignement par correspondance

❖ ❖ ❖

A. — *L'enseignement agricole par correspondance*

On a dit avec raison que, si l'enseignement collectif sur place était le seul possible, le moyen de s'instruire serait refusé à l'immense majorité de ceux qui en éprouvent le désir ou qui en sentent le besoin.

Cette vérité est particulièrement frappante en ce qui concerne l'enseignement professionnel, recherché surtout par les jeunes gens et adultes qui, obligés d'assurer leur existence ont dû mettre très tôt « la main à la pâte » et ne disposent plus de loisirs nécessaires pour s'asseoir pendant des mois, chaque jour, à heures fixes, sur les bancs d'une école. Mais elle s'applique, plus qu'à tout autre, à l'enseignement technique agricole, attendu que les travaux agricoles exigent le séjour continu à la campagne qui exclut la possibilité de suivre un enseignement sur place.

Ces raisons expliquent la très grande faveur dont jouissent les cours par correspondance d'enseignement agricole organisés par l'*Ecole Universelle*, dont le siège est à Paris, 59, bd Exelmans.

On trouvera à la fin de ce volume des indications détaillées sur cet établissement, son organisation, ses programmes et ses méthodes. Nous nous bornerons à donner ici les programmes de ses cours d'enseignement agricole et de ses préparations aux emplois de l'Agriculture.

Assistants dans les diverses branches de l'Agriculture

La fonction d'assistant dans un domaine agricole correspond à celle d'un contremaître dans l'industrie. L'assistant est le collaborateur, soit du propriétaire exploitant dans les domaines de moyenne importance, soit de l'ingénieur d'exploitation. L'assistant n'est déjà plus un agent de pure exécution, mais bien un agent d'initiative. Il a le pouvoir, une fois prises les directives de son chef, de conduire le travail suivant ses propres conceptions de détail. Il convient qu'il ait des qualités personnelles et qu'il possède sur la branche de l'agriculture qui l'occupera spécialement des idées précises.

La carrière d'assistant convient donc aux jeunes gens qui n'ont qu'une instruction élémentaire mais qui, se sentant capables d'acquérir les connaissances spéciales qui leur manquent, pensent avec raison pouvoir utiliser dans la conduite d'équipes agricoles leur activité et leurs goûts de vie au grand air. Ils se créeront une occupation agréable une situation qui sera sans doute modeste au début, mais qui pourra, s'ils donnent satisfaction à leur employeur, devenir très lucrative. Il ne faut pas en effet oublier que les situations agricoles comprennent toujours de sérieux avantages en nature, tels que le logement et la nourriture. Enfin, il faut remarquer que ces situations permettent de s'intéresser à l'agriculture, alors qu'on ne dispose pas du capital nécessaire pour gérer une exploitation à son propre compte.

Mais l'exploitation d'un domaine agricole se présente sous des formes infiniment diverses, suivant les régions et les systèmes de culture adoptés. Dans certaines régions on fait surtout de l'élevage, dans d'autres de l'aviculture, dans d'autres de la viticulture. Dans les pays à polyculture, on trouve des domaines où l'on cultive les plantes industrielles ou de grande culture sans même que parfois une culture domine de beaucoup les autres. Pour tous ces cas, la formation professionnelle doit être différente. L'*Ecole Universelle* a pensé à organiser des préparations s'adaptant aux cas les plus fréquents parmi ceux que nous venons d'envisager. Chaque candidat est ainsi mis en mesure de se préparer à la spécialité qui lui convient le mieux, d'après la région qu'il habite. Par l'étude des cours de l'*Ecole Universelle*, il développera ses qualités personnelles, et d'autre part il acquerra les connaissances techniques indispensables à l'exercice de la spécialité qu'il aura choisie.

Les principales spécialités de la fonction d'assistant sont énumérées ci-après :

Assistant d'exploitation agricole

Cette fonction convient particulièrement aux jeunes gens aimant la vie et le travail des champs. Elle est exercée dans les domaines consacrés à la grande culture, grandes fermes à céréales, ou cultivant en grand des plantes industrielles : betterave, par exemple. Dans un tel domaine, l'assistant peut avoir sous sa direction des services assez variés. Il peut être chargé spécialement d'une des cultures importantes, le blé par exemple. Il peut être au contraire préposé à la surveillance du sol avec contrôle des animaux de travail et des machines de la ferme, etc...

L'*Ecole Universelle* prépare aux fonctions d'*Assistant d'exploitation* à l'aide des cours suivants :

Agriculture générale (35 *exercices*).
Agriculture spéciale (trois fascicules au choix de l'élève) ;
Zootechnie (Livre I, fascicules 1 et II) (50 *exercices*) ;
Machines agricoles (Livres I, II et III) (40 *exercices*) ;
Notions d'économie et comptabilité agricoles (15 *exercices*).

Viticulteur ou assistant d'exploitation viticole

Cette fonction, comme l'indique son titre même, convient particulièrement aux jeunes gens habitant les régions de vignobles ou s'intéressant d'une manière quelconque à la culture de la vigne ou à la production du vin. Dans le domaine viticole, l'assistant peut être soit spécialement chargé de la partie viticole proprement dite : culture de la vigne, choix des cépages, plantations nouvelles, traitements insecticides ; soit de la partie technologique, vinification, fabrication d'eaux-de-vie, d'alcool de vin. Suivant le cas, l'assistant mène la vie de plein air, ou celle de l'industriel agricole. Dans tous les cas il peut arriver à se créer une situation intéressante et pleine d'avenir. Comme les autres industries agricoles, en effet, la vinification devra de plus en plus faire appel à des spécialistes avertis. Ceux-ci auront à mener à bien la fabrication rationnelle des vins et leur donner les soins que réclame leur conservation en vue de la consommation loin des centres de production, conservation d'où dépend justement l'avenir de cette importante branche de notre activité nationale.

L'*Ecole Universelle* prépare aux fonctions d'*Assistant d'exploitation viticole* à l'aide des cours suivants :

Agriculture générale (35 *exercices*) ;
Viticulture (20 *exercices*) ;
Vinification (Livre VI du Cours d'industries agricoles) (10 *exercices*) ;
Arboriculture fruitière (25 *exercices*) ;
ou
Floriculture (suivant les régions) (15 *exercices*) ;
Notions d'économie et comptabilité agricoles (15 *exercices*).

Horticulteur ou assistant d'exploitation horticole

Cette fonction intéresse particulièrement les personnes vivant dans les régions où les exploitations agricoles se spécialisent dans un système de polyculture complexe pouvant comprendre la culture maraîchère, celle des arbres fruitiers, des fleurs, des plantes médicinales, etc... Ces exploitations sont situées dans des régions très diverses, soit que le climat soit particulièrement favorable à la culture des primeurs ou des fleurs comme c'est le cas de la Provence ou de la Côte d'Azur, soit aux environs des grandes villes. Les cultures que l'on fait dans les exploitations, la place d'un ou plusieurs assistants est logiquement marquée. Le directeur d'exploitation hésite d'autant moins à s'assurer la collaboration d'un technicien spécialisé que les produits horticoles se vendent à des prix permettant des frais de production assez élevés. De plus, toute augmentation de rendement se traduit par une augmentation sensible des bénéfices. L'assistant d'exploitation horticole a le plus souvent l'avantage de vivre dans des régions de climat agréable ou au voisinage des villes, tout en exerçant un métier plein d'intérêt et bien rémunéré.

L'Ecole Universelle prépare aux fonctions d'*Assistant d'exploitation horticole* à l'aide des cours suivants :

Agriculture générale (35 *exercices*) ;
Culture potagère (20 *exercices*) ;
Arboriculture (25 *exercices*) ;
Floriculture (15 *exercices*) ;
Notions d'économie et comptabilité agricoles (15 *exercices*).

Préparation aux fonctions de sous-ingénieur d'exploitation agricole

Fonction très intéressante et rémunératrice ; mais, pour la remplir, il est maintenant nécessaire de connaître les procédés de la culture et l'élevage scientifique modernes.

Le sous-ingénieur d'exploitation agricole est le collaborateur direct de l'ingénieur d'exploitation agricole qu'il est appelé à suppléer si ses qualités professionnelles s'affirment. Il occupe généralement les fonctions de régisseur, de directeur d'exploitation agricole de moyenne importance.

En outre du traitement, à l'heure actuelle important, le sous-ingénieur d'exploitation agricole jouit de nombreux avantages matériels (vie au grand air, logement, chauffage, éclairage).

Cette carrière convient tout particulièrement aux jeunes gens sortant de l'école primaire, aux élèves des établissement d'enseignement secondaire dont le degré d'instruction correspond aux classes de sixième ou cinquième, aux ouvriers agricoles désireux d'accéder à une situation indépendante et bien rémunérée.

Nous nous sommes efforcés de donner à nos élèves toutes les connaissances pratiques indispensables, tout en n'exigeant d'eux qu'une étude très élémentaire des mathématiques.

L'Ecole Universelle prépare aux fonctions de *Sous-ingénieur d'exploitation agricole* à l'aide des cours suivants :

I. — CONNAISSANCES GÉNÉRALES.

Arithmétique (60 *exercices*) ;
Algèbre (40 *exercices*) ;
Élément de physique ;
Éléments de chimie.

II. CONNAISSANCES TECHNIQUES

Agriculture générale (35 *exercices*) ;
Agriculture spéciale en 9 *fascicules* : le blé (8 *exercices*), le seigle (3 *exercices*), le maïs (3 *exercices*), l'avoine (3 *exercices*), l'orge et houblon (4 *exercices*), les fourrages (12 *exercices*), la pomme de terre (6 *exercices*), la betterave (8 *exercices*), les plantes textiles, oléagineuses et industrielles (3 *exercices*) ;
Machines agricoles (Livres I, II et III) ;
Zootechnie (Livres I et II) (75 *exercices*) ;
Arpentage ;
Économie et comptabilité agricoles (24 *exercices*).

Préparation aux fonctions d'Ingénieur d'exploitation agricole

Les connaissances de l'ingénieur d'exploitation agricole doivent être, avant tout, pratiques et orientées vers l'accroissement de la production.

Notre préparation, qui répond à ce but, s'adresse à toutes les personnes possédant des connaissances équivalentes à celles du brevet élémentaire, aux jeunes gens sortant des écoles primaires supérieures, des classes de lettres (1re ou philosophie) ou de sciences (troisième ou deuxième) de l'enseignement secondaire, aux sous-ingénieurs d'exploitation agricole.

Les propriétaires d'exploitations agricoles trouveront également dans nos cours des renseignements récents sur les procédés de la culture moderne.

L'Ecole Universelle prépare par correspondance aux fonctions d'*Ingénieur d'exploitation agricole* au moyen des cours ci-après :

I. — CONNAISSANCES GÉNÉRALES

Éléments de Mathématiques :
Arithmétique (60 *exercices*).
Géométrie (60 *exercices*).
Algèbre (40 *exercices*).
Trigonométrie (30 *exercices*).
Éléments de mécanique (30 *exercices*).
Éléments de physique.
Éléments de chimie.

II. — CONNAISSANCES TECHNIQUES

Agriculture générale (35 *exercices*) ;
Agriculture spéciale en 9 *fascicules* : le blé (8 *exercices*), le seigle (3 *exercices*), le maïs (3 *exercices*), l'avoine (3 *exercices*), l'orge et le houblon (4 *exercices*), les fourrages (12

exercices), la pomme de terre (6 exercices), la betterave (8 exercices), les plantes textiles, oléagineuses et industrielles (3 xercices) ;

Horticulture et arboriculture ;

Sylviculture ;

Viticulture ;

Zootechnie (Livres I et II) (75 exercices) ;

Chimie et microbiologie agricoles (50 exercices) ;

Botanique agricole (30 exercices) ;

Entomologie et parasitologie agricoles ;

Industries agricoles (60 exercices) ;

Génie rural (Livre I, II et III) (60 exercices) ;

Machines agricoles (Livres I, II et III) ;

Météorologie agricole et prévision du temps ;

Arpentage ;

Législation rurale ;

Economie et comptabilité agricoles (24 exercices.

Le programme détaillé de ces cours se trouve aux pages 14, 16, 18, 20, 23, 56, 63, 67, 68, 70, 71, 72, 74, 76 et 77.

Cours séparés

Indépendamment de ces préparations complètes l'*Ecole Universelle* donne à ses correspondants la faculté de suivre séparément un ou plusieurs des cours dont elles se composent et dont voici les programmes détaillés.

Eléments de Mathématiques

LIVRE Iᵉʳ. — ARITHMÉTIQUE

Puissances. Divisibilité. Caractères de divisibilité par 2, 5, 4 ou 25, 9, 3, 11. Plus grand commun diviseur et plus petit commun multiple de deux ou de plusieurs nombres. Fractions. Simplification des fractions. Réduction au même dénominateur. Opérations sur les fractions : addition, soustraction, multiplication et division. Rapports et proportions. Règles de trois simples et composées. Règles d'intérêt. Partages proportionnels. Système métrique, longueurs, volumes, poids, monnaies, temps.

Le cours d'Arithmétique contient toutes les formules employées dans la pratique. L'étude des questions de théorie, qui ne répondrait pas au but que nous nous proposons, n'a pas été abordée.

LIVRE II. — GÉOMÉTRIE

Géométrie plane. — Définitions. Angles. Triangles. Cas d'égalité des triangles.

Cas de similitude des triangles. Droites concourantes dans les triangles. Relations métriques. Surface.

Circonférences et cercles. Mesure des angles. Tangentes. Relations métriques.

Longueur de la circonférence. Surface du cercle. Surface du secteur circulaire.

Polygones. Somme des angles d'un polygone convexe.

Parallélogramme. Losange. Rectangle. Trapèze. Propriétés et aires.

Quadrilatère inscriptible. Polygones réguliers.

Courbes usuelles : ellipse, hyperbole, parabole. Propriétés principales.

Constructions graphiques.

Géométrie dans l'espace. — Détermination d'un plan, parallélisme des droites et des plans. Droites et plans perpendiculaires. Propriétés de la perpendiculaire et des obliques menées d'un même point à un angle. Angles dièdres. Angles trièdres. Chaque face d'un trièdre est moindre que la somme des deux autres. Limites de la somme des faces d'un trièdre. Cas d'égalité des trièdres. Polyèdres. Prisme. Pyramide. Volumes des parallélipipèdes et des prismes. Volume de la pyramide. Volume du tronc de pyramide à bases parallèles. Volume du tronc de prisme triangulaire. Surfaces de révolution simples, cylindre, cône, sphère. Surface latérale du cylindre et du cône de révolution. Volume du cylindre et du cône à base circulaire. Aire de la zone, aire de la sphère. Volume de la sphère. Hélice.

Le cours de Géométrie a essentiellement pour but de fournir à nos élèves les formules qu'il leur est nécessaire de connaître. Les propriétés de chaque groupe de figures, triangles, circonférences et cercles, polygones, etc..., ont été réunies dans un même chapitre. Un chapitre spécial a été consacré aux constructions graphiques, en vue des applications au dessin.

LIVRE III. — ALGÈBRE

Nombres positifs et négatifs. Opérations sur ces nombres.

Monômes, polynômes ; addition, soustraction, multiplication et division des monômes et des polynômes.

Principes relatifs à la résolution des équations.

Equation du premier degré.

Equation du second degré à une inconnue.

Equations simples qui s'y ramènent.

Inégalités du premier et du second degré.

Problèmes du premier et du second degré.

Progressions arithmétiques et progressions géométriques.

Logarithmes vulgaires. Usage des tables à cinq décimales.

Coordonnées d'un point. Représentation d'une droite par une équation du premier degré. Coefficient angulaire d'une droite.

Construction d'une droite donnée par son équation.

Variations et représentations graphiques des fonctions :

$$y = ax + b ; \quad y = ax^2 + bx + c$$

Nos professeurs ont laissé de côté toutes les questions théoriques ; ils ont en vue les applications et ne craignent pas de faire appel à l'intuition.

LIVRE IV. — TRIGONOMÉTRIE

Fonctions circulaires : sinus, cosinus, tangente

et cotangente. Relations entre les fonctions circulaires d'un même arc. Valeur des fonctions circulaires de quelques arcs: $\frac{\pi}{4}$ $\frac{\pi}{3}$ etc. Théorie des projections.

Formules d'addition pour le sinus, le cosinus et la tangente.

Expression de sin $2a$, cos $2a$, tg$2a$. Toutes les fonctions circulaires de l'arc a s'expriment rationnellement en fonction de tg $\frac{a}{2}$: connaissant cos $a = b$, trouver les valeurs du sin et du cos des arcs $\frac{a}{2}$; choix des valeurs correspondantes à un arc a donné. Connaissant tg a, trouver les valeurs des tg des arcs $\frac{a}{2}$; choix de la valeur correspondante à un arc a donné.

Transformer en produit la somme ou la différence de deux fonctions circulaires, sinus, cosinus ou tangentes.

Usage des tables de logarithmes à quatre ou à cinq décimales.

Relations entre les éléments d'un triangle rectangle.

Résolution des triangles rectangles.

Relations entre les côtés et les angles d'un triangle.

Résolution des triangles quelconques.

Éléments de Mécanique

Généralités. — Mouvement, trajectoire. Principe de l'inertie. Forces. Représentation des forces. Divisions de la mécanique.

Cinématique. — Unités de longueur et de temps. Du mouvement. Sa relativité. Trajectoire d'un point. Exemples du mouvement.

Mouvement rectiligne. Mouvement uniforme; vitesse, sa représentation par un vecteur. Mouvement circulaire uniforme, vitesse linéaire, vitesse angulaire. Mouvement uniformément varié. Accélération. Loi des espaces, loi des vitesses. Composition des mouvements. Force centrifuge et force centripète.

Statique. — Composition des forces appliquées à un point matériel. Forces de même direction. Composition des forces concourantes.

Composition des forces parallèles: 1° de même sens; 2° de sens contraires. Couples.

Centres de gravité. Détermination expérimentale. Considération des axes de symétrie, des diamètres, des plans diamétraux. Recherche dans quelques cas simples: triangle, trapèze, quadrilatère, prisme, pyramide. Moments des forces. Moment par rapport à un point. Moment de la résultante d'un système de forces concourantes, d'un système de forces parallèles. Moment d'un couple. Équilibre d'un corps matériel reposant sur un plan horizontal.

Conditions d'équilibre du levier.

Dynamique. — Travail d'une force. Unités. Puissance. Force vive. Volants. Frottement de glissement et frottement de roulement.

Éléments de Physique

Pesanteur et hydrostatique. — Notions de mécanique. Unités. Pesanteur. Poids des corps. Centre de gravité. Lois de la chute des corps. Pendule. Balances et bascules. Hydrostatique. Principe de Pascal. Presse hydraulique. Pressions exercées par les liquides. Principe d'Archimède. Corps flottants. Fluides superposés. Vases communicants. Phénomènes capillaires. Diffusion. Endosmose. Densités. Poids spécifiques. Aréomètres. Pression atmosphérique. Baromètres. Loi de Mariotte. Manomètres. Machines pneumatiques et de compression. Applications de la raréfaction et de la compression. Pompes. Siphons.

Chaleur. — Dilatation. Thermométrie. Coefficients de dilatation. Maximum de densité de l'eau. Calorimétrie. Chaleurs spécifiques des solides et des liquides. Fusion. Dissolution. Solidification. Formation des vapeurs dans le vide. Formation des vapeurs dans une atmosphère limitée. Évaporation. Ébullition. Caléfaction. Froid produit par la vaporisation. Liquéfaction des vapeurs. Distillation. Liquéfaction des gaz. Machines à vapeur.

Optique. — Réflexion. Réfraction. Lentilles. Instruments simples. Décomposition de la lumière.

Acoustique. — Notions sommaires.

Électricité et magnétisme. — Unités électriques. Aimants. Aimantation par les courants. Réversibilité de la machine Gramme. Principe des phénomènes d'induction. Téléphone. Microphone. Principaux organes d'une dynamo. Bobine de Ruhmkorff.

Éléments de Chimie

LIVRE 1ᵉʳ. — LOIS GÉNÉRALES, MÉTALLOIDES, MÉTAUX

Généralités. — Lois des combinaisons. Notations chimiques.

Métalloïdes. — Air. Oxygène. Ozone. Eau. Eau oxygénée. Hydrogène. Chlore. Acide chlorhydrique. Soufre. Anhydride sulfureux. Acide sulfurique. Hydrogène sulfuré. Oxydes de l'azote. Protoxyde d'azote. Bioxyde d'azote. Peroxyde d'azote. Anhydride azotique. Acide azotique. Ammoniac. Phosphore et composés. Arsenic. Carbone Anhydride carbonique. Oxyde de carbone. Sulfure de carbone. Antimoine. Bore. Acide borique. Silicium et silice. Verres. Rappel des propriétés des métalloïdes et classification.

Métaux. — État naturel et propriétés. Classification. Alliages. Oxydes métalliques. Classification des oxydes. Potasse. Soude. Chaux. Chlorure de sodium. Carbonates. Carbonate neutre de potassium, de sodium. Carbonate de calcium. Carbonate de plomb. Sulfates. Sulfate de cuivre. Sulfate neutre de sodium. Sulfate de calcium. Aluns. Azotates. Azotate de sodium. Azotate de potassium. Poudre. Généralités sur les sels. Potassium. Sodium. Métaux alcalino-terreux. Zinc. Étain. Fer. Fontes et aciers. Aluminium. Plomb. Cuivre. Nickel. Métaux précieux. Essais des ouvrages d'or et d'argent.

LIVRE II. — CHIMIE ORGANIQUE

Analyse des substances organiques. Formules. Classification. Carbures saturés. Méthane. Éthane. Pétroles. Carbures éthyléniques. Éthylène. Carbures acétyléniques. Acétylène. Composition des carbures d'hydrogène. Gaz d'éclairage. Produits de la distillation des goudrons de houille. Principes et extraits des végétaux. Dérivés halogénés des carbures. Amidon. Dextrine. Cellulose. Poudre de guerre. Hydrates de carbone. Glucose. Dextrose. Lévulose. Lactose. Galactose. Maltose. Mélitose. Mannite. Saccharose. Notions de saccharimétrie. Fermentation alcoolique. Saccharification. Fabrication industrielle des alcools. Dosage de l'alcool pur. Différentes variétés d'alcools. Alcool méthylique. Vins. Notions sur le dosage des vins. Cidre. Poiré. Hydromel. Bière. Analyse des moûts et des bières. Acide acétique. Vinaigre. Acétimétric. Acides gras. Glycérine. Nitroglycérine. Dynamite. Corps gras. Savons. Bougies. Saccharine. Tabac. Albumines.

Chimie et microbiologie agricoles

Généralités sur l'analyse chimique. — Analyse qualitative: 1° Caractères spécifiques des bases dans les sels en dissolution; 2° Caractères spécifiques des acides dans les sels en dissolution. Recherche de la base d'un sel insoluble dans l'eau, mais soluble dans les acides. Recherche de l'acide d'un sel insoluble dans l'eau, mais soluble dans les acides. Caractères des corps insolubles dans l'eau et les acides.

Analyse quantitative: Dosages de la potasse, de la soude. Alcalimétrie; dosage de l'ammoniaque. Dosages de la baryte, de la chaux, de la magnésie, de l'alumine, du manganèse, du fer, de la silice, des acides: carbonique, sulfurique, chlorhydrique, nitrique et phosphorique.

Analyse des engrais; analyse d'un engrais complexe. Analyse chimique des terres. Dosage des gaz.

Analyse organique élémentaire. Dosage de la cellulose. Applications diverses de l'analyse: analyse des eaux, des sucres bruts, du vin, du cidre, des vinaigres.

Analyses agricoles. Anticryptogamiques. Insecticides. Antiseptiques.

La plante. Composition chimique générale de la plante. Développement et nutrition de la plante; la graine; la germination. Diastases; oxydases; diastases dédoublantes sans hydratation, diastases coagulantes. Phénomènes germinatifs. — Rôle des cotylédons pendant la germination. Facteurs nécessaires à la germination. Influence de certains agents sur la germination. Germination des semences aqueuses.

Fonctions de nutrition des plantes supérieures. Développement total de la plante. Fonction chlorophyllienne: assimilation du carbone; chlorophylle, théorie de la fonction chlorophyllienne. Respiration: théorie, facteurs agissant sur la respiration. Assimilation de l'azote par les végétaux. Assimilation de l'azote organique et ammoniacal. Aliments minéraux.

Facteurs de la production végétale. Rôle de l'eau dans la nutrition végétale. L'atmosphère et la nutrition végétale. Classification agricole des sols. Propriétés physiques des sols. Les engrais et le sol. Théorie des fumures. Engrais et amendements. Essais culturaux. Achats des engrais.

Microbiologie. — Généralités sur les microbes. Action des agents chimiques. Diastases. Formation de l'humus. Théorie de la nitrification. Epuration des eaux résiduaires des industries agricoles

Microbes des industries agricoles. Transformation des produits végétaux, transformation des produits animaux.

Chaque élève du cours reçoit:

1° Le cours détaillé ci-dessus;

2° Cinquante sujets d'exercices écrits à soumettre à notre correction;

3° Les corrigés types correspondant à ces sujets, rédigés par le professeur compétent.

Agriculture générale

Le sol; propriétés physiques et chimiques des terres. Sous-sol; classification et nature des terres. Les amendements, principaux amendements. Les engrais: étude des principaux engrais; fumier de ferme; sa conservation; son emploi; engrais verts. Théories de la fertilisation du sol. Modifications mécaniques du sol. Les façons culturales: labours, hersages, roulages. Irrigations et drainages. Divers systèmes d'irrigation.

Les semences. — Semences sèches et aqueuses; la germination ;conditions de milieu; qualités d'une bonne semence; fraudes. Les semailles; leur époque. Procédés d'amélioration des plantes cultivées. Croisement artificiel; sélection. Assolements. Destruction des mauvaises herbes et des animaux nuisibls.

Chaque élève du cours reçoit:

1° Le cours détaillé ci-dessus;

2° Trente-cinq sujets d'exercices écrits à soumettre à notre correction;

3° Les corrigés types correspondant à ces sujets, rédigés par le professeur compétent.

Agriculture spéciale

1° Le Blé

Généralités. — Origine, historique et évolution du blé. Notions sommaires sur la botanique et la chimie du blé.

Les variétés de blé. — Blés tendres, blés poulards, blés durs, blés de Pologne, blés épeautres, blés amidonniers, etc. Différentes sortes. Blés d'hiver, différentes sortes.

Conditions générales de la culture. — Conditions climatériques et météorologiques. Les sols qui conviennent au blé. Place dans l'assolement. Façons à donner au sol. Engrais pour le blé, marche de l'absorption des principes nutritifs.

Travaux de culture. — Epoque des semailles. Choix de la variété. Choix des semences, quantité à employer. Préparation et traitement des semences. Exécution des semailles. Façons d'entretien. Récolte. Egrenage des céréales. Machines à battre. Batteuses à grand travail.

Sélection et rendement. — Centres d'expérimentation, moyennes de rendement à l'hectare. Franchise d'espèce.

Maladies du blé. — Accidents de végétation: verse, échaudage. Parasites animaux: Nielle, sarpède grêle ou aiguillonnier; zabre des céréales, taupins, pucerons, etc...

La culture au point de vue économique. — Prix de revient. Bénéfices.

Chaque élève du cours reçoit:

1° Le cours détaillé ci-dessus;

2° Huit sujets d'exercices écrits à soumettre à notre correction;

3° Les corrigés types correspondant à ces sujets, rédigés par le professeur compétent.

2° Le seigle

Généralités. — Origine, historique, et évolution de la culture du seigle. Importance actuelle de la culture. Notions sommaires sur la botanique et la chimie du seigle.

Conditions générales de la culture. — Conditions climatériques et météorologiques. Sols convenant au seigle. Sa place dans l'assolement.

Préparation du sol. Travaux de culture. — Façons à donner au sol. Semailles. Epoque des semailles. Choix et quantité des semences. Exécution des semailles. Soins d'entretien. Récolte.

Maladies du seigle. — Maladies dues à des parasites animaux. Maladies dues à des parasites végétaux.

La culture du seigle au point de vue économique.

Chaque élève du cours reçoit:

1° Le cours détaillé ci-dessus;

2° Trois sujets d'exercices écrits à soumettre à notre correction;

3° Les corrigés types correspondant à ces sujets, rédigés par le professeur compétent.

3° Le Maïs

Généralités. — Origine, historique, évolution de la culture. Importance actuelle de la culture du maïs. Notions sommaires sur la botanique et la chimie du maïs; variétés cultivées.

Conditions générales de la culture. — Conditions climatériques et météorologiques. Les sols qui conviennent au maïs. Place du maïs dans l'assolement. Façons à donner au sol. Engrais pour maïs.

Travaux de culture. — Epoque des semis, choix et préparation des semences, quantités à employer. Procédés de semis. Travaux d'entretien. Récolte. Séchage, égrenage. Conservations des semences, culture du maïs en terrain sec.

Maladies. — Parasites animaux et végétaux.

La culture au point de vue économique.

Chaque élève du cours reçoit:

1° Le cours détaillé ci-dessus;

2° Trois sujets et exercices écrits à soumettre à notre correction;

3° Les corrigés types correspondant à ces sujets, rédigés par le professeur compétent.

4° L'Avoine

Généralités. — Origine, historique et évolution de la culture.

Notions sommaires sur la botanique et la chimie de l'avoine. Notions botaniques. Variétés cultivées. Principales variétés d'avoine. Notions chimiques. Poids spécifique. Proportions des divers constituants.

Conditions générales de la culture. — Conditions climatériques et météorologiques. Influence de la température. Influence de l'humidité. Sols qui conviennent à l'avoine. Place de l'avoine dans l'assolement.

Préparation du sol. Travaux de culture. Façons à donner au sol. Avoine d'hiver. Avoine de printemps. Fumure, engrais. Semailles: Epoque, choix et quantité de graines à employer, pratique des semailles. Travaux d'entretien. Récolte.

Maladies de l'avoine. — Parasites animaux. Traitement. Parasites végétaux. Rouille. Accidents de végétation. Animaux nuisibles.

Considérations économiques. Conclusion.

Chaque élève du cours reçoit:

1° Le cours détaillé ci-dessus;

2° Trois sujets d'exercices à soumettre à notre correction;

3° Les corrigés types correspondant à ces sujets, rédigés par le professeur compétent.

5° L'Orge. — Le Houblon.

L'orge. — Généralités. Importance de la culture. Caractères botaniques. Composition. Variétés. Conditions de la culture. Exécution de la culture: préparation du sol, semis, travaux d'entretien, récolte. Animaux et plantes ennemis de l'orge. La culture de l'orge au point de vue économique.

Le houblon. — Généralités. Importance de la culture. Conditions générales de la culture: climat, les sols à houblon. Exigences du houblon, engrais. Exécution de la culture: préparation du sol, installation de la plantation. Travaux d'entretien, main-d'œuvre destinée à augmenter le rendement. Cueillette, dessiccation, conservation. Insectes et plantes ennemis du houblon. La culture au point de vue économique.

Chaque élève du cours reçoit:

1° Le cours détaillé ci-dessus;

2° Quatre sujets d'exercices écrits à soumettre à notre correction;

3° Les corrigés types correspondant à ces sujets, rédigés par le professeur compétent.

6° Les Fourrages.

Plantes des prairies. — Légumineuses, légumineuses vivaces. Légumineuses bisannuelles. Légumineuses annuelles et bisannuelles. Autres fourrages annuels. Graminées des prairies, graminées fourragères vivaces.

Création et entretien des prairies. — Généralités. Bonnes graines, choix des espèces. Etat de fertilité du sol. Degré d'humidité. Espèces intéressantes à introduire dans les mélanges pour prairies de montagnes élevées. Composition des mélanges. Ensemencements. Entretien des prairies. Prairies, goëtz. Récolte des fourrages. Fauchage. Fanage.

Conservation des fourrages. — Bottelage, compression. Mise en meules. Engrangement. Salaison du foin. Ensilage. Battage des graines de plantes fourragères. Racines fourragères: carotte, panais, navet, chou-navet, chou-rave, choux fourragers.

Ennemis et maladies des prairies. — Herbes nuisibles. Animaux nuisibles. Insectes, anguillules. — Maladies.

Chaque élève du cours reçoit:

1° Le cours détaillé ci-dessus;

2° Douze sujets d'exercices écrits à soumettre à notre correction:

3° Les corrigés types correspondant à ces sujets, rédigés par le professeur compétent.

7° La Pomme de terre

Généralités. — Origine, historique et évolution de la culture. Importance actuelle de la culture de la pomme de terre.

Notions sommaires sur la botanique et la chimie de la pomme de terre. — Notions botaniques. Notions chimiques. La fécule, proportion d'amidon, sa répartition dans la pomme de terre. Formation et origine de l'amidon, matières organiques autres que l'amidon.

Les variétés cultivées. — Variétés cultivées dans les jardins, vendues comme pommes de terre nouvelles. Variétés de choix cultivées en pleins champs. Meilleures pommes de terre fourragères et industrielles.

Conditions générales de la culture. — Conditions climatériques et météorologiques. Les sols qui conviennent à la pomme de terre. Sa place dans l'assolement.

Préparations du sol. — Fumure. Engrais. Plantation. Façon d'entretien. Récolte. Conservation des tubercules.

Maladies de la pomme de terre. — Parasites animaux et végétaux. La culture au point de vue économique. Prix de revient et bénéfices.

Chaque élève du cours reçoit:

1° Le cours détaillé ci-dessus;
2° Six sujets d'exercices écrits à soumettre à notre correction ;
3° Les corrigés types correspondant à ces sujets, rédigés par le professeur compétent.

8° La Betterave

Généralités. — Origine, historique et évolution de la culture. Importance actuelle de la culture de la betterave.

Notions sommaires sur la botanique et la chimie de la betterave. — Notions botaniques. Notions chimiques. Rendements à l'hectare.

Les variétés cultivées. — Variétés industrielles. Variétés fourragères.

Conditions générales de la culture. — Conditions climatériques et météorologiques. Les sols qui conviennent à la betterave. Place de la betterave dans l'assolement.

Préparation du sol. Fumure. Engrais. — Façons à donner au sol. Engrais pour betteraves. Fumier de ferme. Engrais verts.

Travaux de culture. — Semailles. Façons d'entretien. Récolte. Conservation des racines.

Maladies de la betterave. Parasites animaux et végétaux. — Maladies dues à des parasites animaux. Maladies dues à des parasites végétaux. Accidents de végétation. Montée en graine.

La graine de betterave. — Choix des racines. Points sur lesquels doit porter la sélection. Culture proprement dite des porte-graines. Avenir de la culture française de graines et ses avantages.

La culture au point de vue économique. — Prix de revient. Bénéfices de la culture. Contrats de vente. Intensification de la culture betteravière.

Chaque élève du cours reçoit:

1° Le cours détaillé ci-dessus;
2° Huit sujets d'exercices écrits à soumettre à notre correction;
3° Les corrigés types correspondant à ces sujets, rédigés par le professeur compétent.

9° Plantes textiles, plantes oléagineuses et plantes industrielles diverses

Plantes textiles. — Lin: variétés, terrain, fumure, ensemencement, récolte, rouissage, teillage, ennemis et accidents. *Chanvre*: variétés, terrain, fumure, ensemencement, récolte, rouissage, teillage. Ennemis et accidents.

Plantes oléagineuses. — Œillette, colza, navette, cameline.

Plantes industrielles diverses. — Chicorée à café. Tabac, garance.

Chaque élève du cours reçoit:

1° Le cours détaillé ci-dessus;
2° Trois sujets d'exercices écrits à soumettre à notre correction;
3° Les corrigés types correspondant à ces sujets, rédigés par le professeur compétent.

Horticulture

LIVRE Ier. — CULTURE POTAGÈRE.

Installation des jardins potagers, disposition et emploi des différents engrais, leur action. Les arrosages, matériel utilisé pour la production hâtive des légumes, précautions à prendre pour entretenir le matériel, des différentes sortes de couches employées, exécution des semis: sous châssis ou sous cloche, soins à donner aux jeunes semis, procédés employés pour la conservation des légumes à l'état frais.

Étude successive de la culture de la pomme de terre, du céleri, de l'artichaut, du chou-fleur, du fraisier, de la tomate, du melon, etc.

Chaque élève du cours reçoit:

1° Le cours détaillé ci-dessus;
2° Vingt sujets de compositions écrites à soumettre à notre correction;
3° Les corrigés types correspondant à ces sujets, rédigés par le professeur compétent.

LIVRE II. — ARBORICULTURE ET CULTURE FRUITIÈRES

Installation des jardins fruitiers, potagers fruitiers, différentes sortes de boutures, soins à leur donner, diverses sortes de greffes employées en arboriculture, précautions à prendre pour le greffage, principales formes articielles à donner aux arbres fruitiers.

Procédés à employer pour mettre à fruits les arbres fruitiers peu fertiles, plantation des arbres frutiers, précautions à observer; opéraration de la taille d'hiver, opération de la taille d'été. Étude successive du poirier, pêcher, pommier, framboisier, groseillier, de la vigne, etc.

Chaque élève du cours reçoit:

1° Le cours détaillé ci-dessus;
2° Vingt-cinq sujets de compositions écrites à soumettre à notre correction;
3° Les corrigés types correspondant à ces sujets, rédigés par le professeur compétent.

LIVRE III. — FLORICULTURE.

Bouturage, divisions, souches, culture des bégonias, anémones, chrysanthèmes, œillets, jacinthe, muguet, dalhias, lilas, orchidées, rosiers, etc.

Pratique de l'élagage des arbres d'ornement; établissement du parterre, des corbeilles; précautions à prendre à l'approche des premiers froids; culture du printemps.

Chaque élève du cours reçoit:

1° Le cours détaillé ci-dessus;

2° Quinze sujets d'exercices écrits à soumettre à notre correction;

3° Les corrigés types correspondant à ces su-

Sylviculture

De l'arbre en général. Des essences forestières, utilité des forêts, déboisement et reboisement. Peuplement d'une forêt. Produits des forêts, industries forestières. Repeuplement. Etude des futaies, des taillis sous futaie, des taillis. Principales essences.

Chaque élève du cours reçoit:

1° Le cours détaillé ci-dessus;

2° Vingt sujets de compositions écrites à soumettre à notre correction;

3° Les corrigés types correspondant à ces sujets, rédigés par le professeur compétent.

Viticulture

Introduction; généralités; vignes américaines, asiatiques, européennes.

La vigne: morphologie externe, morphologie interne; physiologie de la vigne. Influence du milieu sur la végétation de la vigne; hybridation. Préparation du sol et plantation. Appareils de soutien. La taille: étude des différents systèmes. Travail du sol. Accidents, parasites animaux, maladies. Les bouillies.

Chaque élève du cours reçoit:

1° Le cours détaillé ci-dessus;

2° Vingt sujets de compositions écrites à soumettre à notre correction;

3° Les corrigés types correspondant à ces sujets, rédigés par le professeur compétent.

Zootechnie

LIVRE Ier. — FASCICULE I.

ZOOTECHNIE GÉNÉRALE

Généralités. — Domestication. Importance de la production animale. Pertes de guerre. Avenir de notre élevage. Situation actuelle de notre élevage.

Fonctions économiques. — Doctrine de la spécialisation. Théories modernes.

Individualité. — Détermination de l'individualité. Différences dues à l'âge. Variations indépendantes. Modifications physiologiques. Variations spontanées ou fortuites.

Gymnastique fonctionnelle. — Méthodes de gymnastique fonctionnelle de l'appareil digestif, de l'appareil de lactation, de l'appareil locomoteur, du système nerveux mental.

Hérédités. — Théorie de l'hérédité. Hérédités diverses. Hérédités du sexe, de la couleur. Hérédité atavique. Réversion. Hérédité homochrone, homotopique, hétérotopique. Conséquences et effets de l'hérédité. Consanguinité.

Méthodes de reproduction. — Sélection, croisement. Phénomènes héréditaires. Métis. Divers modes de croisement. Métissage. Hybridation.

Rôle des collectivités, des syndicats, de l'Etat. — Sociétés de contrôle. Centres d'élevage. Achats d'étalons de choix. Concours agricoles. Méthodes d'encouragement.

Défense contre les maladies contagieuses. — Moyens de défense. Destruction des organismes pathogènes. Désinfection. Comment rendre les animaux réfractaires. Procédés d'immunisation artificielle: vaccination, sérothérapie, sérovaccination. Police sanitaire. Lutte contre les maladies contagieuses. Lutte officielle contre la tuberculose. Morve. Farcin. Péripneumonie contagieuse. Charbon bactéridien. Charbon symptomatique. Maladies rouges du porc. Clavelée. Fièvre aphteuse. Peste bovine. Rage. Dourine. Assurances contre la mortalité du bétail. Méthodes d'exploitation du bétail.

Chaque élève du cours reçoit:

1° Le cours détaillé ci-dessus;

2° Vingt sujets d'exercices écrits à soumettre à notre correction;

3° Les corrigés types correspondant à ces sujets, rédigés par le professeur compétent.

FASCICULE II. — ZOOTECHNIE SPÉCIALE.

Bœuf. Mouton. Porc. Cheval et Mulet.

Zootechnie des Bovidés. — Généralités. Production des jeunes bovidés. Méthodes de production. Pratique de la sélection. Sélection des femelles. Deuxième sélection. Sélection des produits. Pratique de la production. Saillie. Gestation. Avortement. Parturition. Elevage des jeunes. Sevrage. Exploitation des bovidés: travail moteur, production du lait, variations quantitatives et qualitatives du lait. Choix et mode d'exploitation des vaches laitières. Hygiène des vaches laitières. Récolte et conservation du lait. Castration et maladies des vaches laitières.

Production de la viande. Généralités. Théorie de l'engraissement. Choix des animaux d'engrais. Pratique de l'engraissement. Vente des animaux gras. Barymétrie. Engraissement des veaux. Anémie. Diarrhée. Appréciation et vente des veaux gras.

Zootechnie des moutons. — Généralités. Situation actuelle de l'élevage ovin. Fonctions économiques. Méthodes d'exploitation. Production des jeunes moutons. Sélection. Pratique de la reproduction. Gestation et parturition. Maladies des agneaux. Elevage des moutons. Alimentation, pâturage. Transhumance. Parcage. Maladies des moutons. Le troupeau. Généralités. Surveillance du troupeau.

Exploitation des ovidés. Production de la viande: viande d'agneau gris et viande de mouton. Production et récolte de la laine. Production du lait.

Zootechnie des chèvres. — Généralités. Production des chevreaux. Elevage. Hygiène générale. Logement. Exploitation des chèvres. Production de la viande et du lait. Fromages. Production de la laine. Types d'élevage. Système américain. Maladies de la chèvre.

Zootechnie des porcs. — Généralités. Elevage des jeunes. Exploitation des suidés. Production de la viande. Entretien des jeunes suidés. Porcheries. Engraissement proprement dit. Types d'exploitation des porcs. Les « coureurs » en Normandie. Petits élevages porcins. Maladies des porcs. Abatage et préparation du porc. Procédés de conservation du porc. Saucisses, saucissons et pâtés.

Zootechnie des équidés. — Généralités. Conditions économiques de la production 'des équidés. Situation actuelle de l'élevage. Production des jeunes équidés. Méthodes de reproduction. Choix des reproducteurs. Accouplement. Gestation. Parturition. Soins après la mise-bas. Allaitement et sevrage. Régime du poulain. Production du travail moteur. Alimentation des chevaux. Logement des équidés. Hygiène générale. Examen du cheval de vente. Production du mulet.

Annexe. — Races chevalines, asines, bovines, ovines, caprines et porcines.

Chaque élève du cours reçoit:

1° Le cours détaillé ci-dessus;

2° Trente sujets d'exercices à soumettre à notre correction;

3° Les corrigés types correspondant à ces sujets, rédigés par le professeur compétent.

LIVRE II. — ANIMAUX DE BASSE-COUR.

Poules. Aménagement du poulailler, races, croisements, ponte. Conservation des œufs. Poules couveuses et couveuses artificielles. Elevage des petits. Hygiène et alimentation. Engraissement. Hygiène et maladies des poules. Pigeons, dindons, pintades, canards, oies, lapins. Races, production de la chair, de la fourrure. Exploitation, alimentation, reproduction, maladies.

Chaque élève du cours reçoit:

1° Le cours détaillé ci-dessus;

2° Vingt-cinq sujets de compositions écrites à soumettre à notre correction;

3° Les corrigés types correspondant à ces sujets, rédigés par le professeur compétent.

Botanique agricole

Généralités. La cellule végétale. Les semences, la racine, la tige, la feuille, la fleur, le fruit.

Graine et multiplication naturelle. La multiplication artificielle, les divers modes, greffage, marcotage, outurage. Amélioration des espèces.

Chaque élève du cours reçoit:

1° Le cours détaillé ci-dessus;

2° Trente sujets de compositions écrites à soumettre à notre correction;

3° Les corrigés types correspondant à ces sujets, rédigés par le professeur compétent.

Entomologie et parasitologie agricoles

Protozoaires, vers, mollusques. Myriapodes. Arachnides.

Insectes auxiliaires de l'agriculteur.

Insectes nuisibles aux cultures en général, aux céréales, aux plantes fourragères et industrielles, aux plantes potagères, aux plantes horticoles et d'ornement, aux arbres fruitiers, à la vigne, aux arbres forestiers, aux animaux domestiques, à l'homme, aux habitations. Leur destruction.

Chaque élève du cours reçoit:

1° Le cours détaillé ci-dessus;

2° Vingt sujets d'exercices écrits à soumettre à notre correction;

3° Les corrigés types correspondant à ces sujets, rédigés par le professeur compétent.

Météorologie agricole et prévision du temps

L'atmosphère. Sa composition. Climats. Régions agricoles.

Des phénomènes météorologiques. Leurs causes: Vents, nuages, brouillards, pluie, neige, rosée, givre, grêle.

Des perturbations atmosphériques: Orages, trombes, tempêtes, anticyclones. Influence des vents, des variations de température sur les produits agricoles. Grêle. Effets de la foudre.

Prévision du temps. Moyens de préservation.

Chaque élève du cours reçoit:

1° Le cours détaillé ci-dessus;

2° Vingt sujets d'exercices écrits à soumettre à notre correction;

3° Les corrigés types correspondant à ces sujets, rédigés par le professeur compétent.

Génie rural

LIVRE Iᵉʳ. — IRRIGATIONS, DRAINAGE, HYDROLOGIE

Irrigations. — Généralités. Canaux et rigoles. Répartition d'el'eau d'irrigation. Méthodes d'irrigation. Exécution des irrigations.

Drainage. — Généralités. Divers modes de drainage sans tuyaux. Drainage proprement dit. Dessèchement. Colmatage. Devis descriptifs et estimatifs des drainages.

Hydrologie. — Recherches d'eau. Alimentation en eau d'une exploitation agricole. Législation relative aux irrigations et au drainage.

Chaque élève du cours reçoit:

1° Le cours détaillé ci-dessus;

2° Vingt sujets d'exercices écrits à soumettre à notre correction;

3° Les corrigés types correspondant à ces sujets, rédigés par le professeur compétent.

LIVRE II. — ELECTRICITÉ AGRICOLE.

Généralités. — Unités électriques. Mesures électriques. Matériaux employés dans les installations électriques.

Production de l'énergie électrique. — Dynamos. Anneau de Gramme. Alternateurs. Accumulateurs. Stations génératrices. Moteurs mécaniques, hydrauliques, à vent, à vapeur et à explosions.

Transports, distribution et réception de l'énergie électrique. — Rendement de ligne. Distributions directes et indirectes. Transport et distribution de courant alternatif. Récepteurs et lignes électriques. Sécurité des installations.

Applications de l'électricité en agriculture. — Eclairage et chauffage. — Labourage, battage, sciage des bois. Les moteurs et appareils de la ferme. — Installations. Législation des installations électriques. Sécurité. Accidents.

Chaque élève du cours reçoit:

1° Le cours détaillé ci-dessus;

2° Vingt sujets d'exercices écrits à soumettre à notre correction;

3° Les corrigés types correspondant à ces sujets, rédigés par le professeur compétent.

LIVRE III. — CONSTRUCTIONS RURALES.

Mode d'emploi des matériaux. — Terrassements et fondations. Maçonnerie. Pierres. Matériaux artificiels. Exécution des maçonneries: ouvertures, cheminées, arcs, soupiraux, voussures, voûtes, escaliers, charpentes en bois, charpentes métalliques. Couvertures. Menuiseries. Serrurerie. Peinture et vitrerie. Travaux divers.

Principes d'établissement des bâtiments agricoles. — Habitation. Logement des animaux. lers. Pigeonniers. Garennes et clapiers. Logement Écuries. Étables. Bergeries. Porcheries. Poulailds récoltes : granges, silos. Logement du matériel. Fumiers. Citernes. Clôtures. Abreuvoirs. Mares. Installation des pâturages et des parcs.

Chaque élève du cours reçoit :

1° Le cours détaillé ci-dessus ;
2° Vingt sujets d'exercices écrits à soumettre à notre correction ;
3° Les corrigés types correspondant à ces sujets, rédigés par le professeur compétent.

Machines agricoles

1re PARTIE. — MACHINES D'EXTÉRIEUR ET D'INTÉRIERU DE FERME.

Machines d'extérieur de ferme. — Préparation des aliments. Égrenage des récoltes. Nettoyage.

Chaque élève du cours reçoit :

1° Le cours détaillé ci-dessus ;
2° Vingt sujets d'exercices écrits à soumettre à notre correction ;
3° Les corrigés types correspondant à ces sujets, rédigés par le professeur compétent.

2e PARTIE. — MOTEURS AGRICOLES.

Introduction. — *Moteurs animés :* manèges. Considérations sur le rendement des manèges. — *Moteurs pneumatiques :* moulins à ailes, moulins à roue. Travail des moteurs animés. Turbine aérienne.
Moteurs hydrauliques : Roues hydrauliques. Turbines hydrauliques.
Moteurs thermiques : Moteurs à vapeur ; chaudières, conduite et entretien des chaudières. Condenseurs, régulateurs, moteurs à combustion interne : moteurs à explosion, moteurs à combustion progressive. Moteurs à 2 et 4 temps. Principaux organes des moteurs : cylindres, bielles, volant, allumage, graissage, carburateurs, refroidissement, embrayages, boîtes de vitesses, différentiel, transmissions, direction. Conduite des moteurs. Dépannage.
Moteurs à combustion progressive : moteurs Diesel, moteurs semi-Diesel, moteurs Bellem, Tertrais. Emplois des combustibles dans les moteurs à combustion interne. Combustibles liquides. Moteurs à huiles. Gaz pauvre, combustibles minéraux et végétaux.
Moteurs électriques : Dynamos, constitution et classification.
Alternateurs. Mise en route des moteurs électriques. Montage. Entretien.

Chaque élève du cours reçoit :

1° Le cours détaillé ci-dessus ;
2° Dix sujets d'exercices écrits à soumettre à notre correction ;
3° Les corrigés types correspondant à ces sujets, rédigés par le professeur compétent.

3e PARTIE. — MOTOCULTURE.

Principes généraux. — Conditions auxquelles doit être soumise une machine de motoculture.

Conséquences de l'emploi de la motoculture dans une exploitation agricole.
Divers types d'appareils de motoculture. — Traiteurs indépendants des appareils à actionner : diverses sortes de tracteurs, action des roues d'un tracteur ; roues motrices ; adhérence, direction, mode d'attelage des instruments aratoires. Description de quelques types de tracteurs : tracteurs brouette, tracteurs à trois roues, tracteurs à quatre roues, appareils à chenilles, tracteurs à chaînes d'adhérence à côté des roues.
Charrues automobiles. Moto-charrues : motocharrue proprement dite, appareils à charrue adhérente. Avant-trains tracteurs.
Treuils et appareils dérivés : Treuils proprement dits, à simple effet, à double effet. Tracteurs-treuils. Tracteurs-toucurs.
Appareils à outils commandés : Fraiseurs. Piocheurs.
Applications de la motoculture. — *Labours :* types de charrues à employer. Charrues pour labours en planches, charrues pour labours à plat, charrues à disques. Exécution des labours.
Ameublissement et nettoyage du sol : Ameublissement et déchaumage. Binage et sarclage.
Semailles et récoltes : Semoirs, faucheuses et moissonneuses, arracheuses de betteraves et de tubercules.
Culture mécanique des vignobles.

Chaque élève du cours reçoit :

1° Le cours détaillé ci-dessus ;
2° Vingt sujets d'exercices écrits à soumettre à notre correction ;
3° Les corrigés types correspondant à ces sujets, rédigés par le professeur compétent.

Économie et Comptabilité agricoles

Introduction. — Notions d'économie agricole. Achat d'une ferme. Bail. Achat de matériel. Rôle des syndicats agricoles. Louage du personnel. Loi sur les accidents. Assurances contre l'incendie, la grêle, le vol. Warrant agricole. Placements divers. Retraites ouvrières et paysannes. Impôts.
Théorie de la comptabilité agricole. — Ouverture de la comptabilité. Capital. Matériel. Mobilier. Immeubles. Chevaux. Bétail. Frais de premier établissement. Comptabilité des dépenses agricoles. Semences. Engrais, journaliers. Gages. Entretien général. Nourriture des animaux. Dépenses personnelles. Frais généraux. Comptabilité des recettes. Cultures. Élevage. Basse-cour. Laiterie. Potager. Verger. Relations avec les tiers. Fournisseurs. Clients. Syndicat agricole. Banques. Caisse d'Épargne. Effets à payer. Effets à recevoir. Inventaires et bilan. Compte d'exploitation. Compte pertes et profits.
Organisation pratique de la comptabilité agricole. — Méthode française. *Livres auxiliaires :* Main-courante, caisse, frais généraux, matériel, animaux, etc... *Journal, Grand-Livre, Inventaire.* — Emploi de la méthode américaine : *Journal, Grand-Livre.*

Chaque élève au cours reçoit :

1° Le cours détaillé ci-dessus ;
2° Vingt-quatre sujets d'exercices écrits à soumettre à notre correction ;
3° Les corrigés types correspondant à ces sujets, rédigés par le professeur compétent.

Notions d'Economie rurale
et de Comptabilité agricole

Capital.) Travail. Crédit agricole. Syndicats agricoles. Coopératives. Mutualité.

Concours agricoles. Enseignement.

Notions de législation rurale.

Servitudes, police, répression des fraudes, association, accidents, etc...

Principe de la comptabilité. Valeurs immobilières.

Valeurs engagées. Avances aux cultures. Récoltes en terre et en magasin.

Livres principaux de la comptabilité. Comptes spéciaux. Comptes débiteurs. Bilan.

Chaque élève du cours reçoit:

1° Le cours détaillé ci-dessus;

2° Quinze sujets d'exercices écrits à soumettre à notre correction;

3° Les corrigés types correspondant à ces sujets, rédigés par le professeur compétent.

Cours de Législation rurale

Le ministère de l'Agriculture. — Attributions générales et organisation. Administration centrale. Conseils, comités et commission. Services extérieurs. Services départementaux.

Le régime du sol. — Le droit de propriété et ses limitations. Les servitudes. L'expropriation pour cause d'utilité publique. Domaine public et domaine privé. La voirie. La grande voirie. La petite voirie. Régime juridique des voies publiques. Police de la voirie. Chemins de fer et tramways.

Les contrats. — Louage de services. Formation et preuve. Obligations du patron. Fin du contrat. Les baux des biens ruraux. Le bail à ferme. Conditions de capacité et de forme. Obligations du bailleur. Obligations du preneur. Durée des baux. Conditions dans lesquelles le contrat prend fin. Du métayage ou colonat partiaire. Du bail à cheptel. Du cheptel simple. Du cheptel à moitié. Du cheptel donné par le propriétaire à son fermier ou colon partiaire. Du contrat improprement appelé cheptel. Du bail emphythéotique. — Du bail à convenant ou à domaine congéable. Du bail à comptant ou champart.

Des animaux employés à l'exploitation des propriétés. — Dispositions générales relatives aux animaux domestiques. Des vices rédhibitoires dans les ventes d'animaux domestiques.

Le régime des eaux. — Cours d'eaux navigables et flottables. Cours d'eaux non navigables ni flottables. Droits des riverains. Obligations des riverains. Droit de police de l'administration. Des rivières flottables à bûches perdues. Eaux pluviales et sources.

La police rurale. — Règles relatives à la sécurité publique. Règles relatives à la salubrité publique. Police sanitaire des animaux. Mesures prescrites en cas de maladies contagieuses. Organisation des services d'épizootie. Mesures prescrites pour prévenir les épidémies. Règles concernant la protection des animaux domestiques.

Le crédit agricole. — Généralités. Les sociétés de crédit agricole. Crédit réel: les warrants agricoles.

Institutions d'assurances et de prévoyance. — Sociétés d'assurances mutuelles agricoles. Les sociétés coopératives. Syndicats professionnels et syndicats agricoles. Habitations à bon marché. Le bien de famille insaisissable.

Les fraudes. — La répression des fraudes. Mesures générales. Mesures spéciales aux fraudes sur certains produits.

Les droits de douane. — Droits fiscaaux et droits protecteurs. Le tarif douanier. Les formalités douanières.

Nous ne saurions trop insister sur ce fait que les cours et préparations de l'*Ecole Universelle* sont essentiellement individuels, en ce sens qu'ils peuvent être suivis, quels que soient l'âge et la résidence de l'élève, et que la durée de l'enseignement est toujours proportionnée aux loisirs dont il dispose.

Quant aux prix de ces cours et préparations, ils ont pu, grâce précisément au très grand nombre d'élèves que groupe l'*Ecole Universelle* être fixés à des taux très modiques.

On peut d'ailleurs se renseigner très exactement en demandant à l'*Ecole Universelle* l'envoi gratuit de sa brochure n° 6802 consacrée aux *Carrières de l'Industrie*, des *Travaux Publics* et de l'*Agriculture*.

B. -- Préparation
par Correspondance
aux Ecoles du Gouvernement

L'*Ecole Universelle* ne se borne pas à préparer directement aux fonctions d'Ingénieur et de Sous-Ingénieur d'Exploitation agricole. Elle facilite également aux jeunes gens qui désirent suivre un enseignement officiel l'accès des grandes Ecoles du gouvernement en mettant à leur disposition des préparations spéciales par correspondance aux divers concours d'admission, dont les programmes sont insérés aux pages 25 à 128 de ce volume.

Les candidats évitent ainsi la dépense considérable de l'internat. Comme, d'autre part, ils règlent eux-mêmes le rythme de leur travail d'après la rapidité de leurs progrès, la durée de leur préparation est indépendante du cadre rigide de l'année scolaire, ce qui leur permet souvent de tenter une fois de plus la chance du concours avant d'être atteints par la limite d'âge.

L'*Ecole Universelle* obtient d'ailleurs chaque année de très nombreux et très brillants succès aux concours d'admission aux grandes

Ecoles. Ces succès sont attestés par les lettres de remerciements et d'éloges que lui adressent ses lauréats et dont quelques-unes sont insérées chaque année dans ses brochures.

Ses préparations sont dirigées par des professeurs de l'Université ainsi que par d'anciens élèves et par des professeurs des grandes Ecoles d'agriculture. Il n'est donc pas possible de les souhaiter mieux adaptées à l'esprit en même temps qu'à la lettre des programmes et aux exigences des jurys d'examen.

On trouvera, à la fin de ce volume, la liste des Ecoles auxquelles prépare l'*Ecole Universelle*. On pourra d'ailleurs se renseigner de façon plus précise en demandant l'envoi *gratuit de la Brochure ns 6.891 consacrée aux grandes Ecoles spéciales*.

TABLE DES MATIÈRES

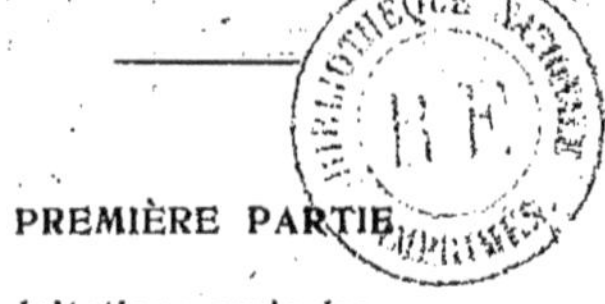

PREMIÈRE PARTIE

DEUXIÉME PARTIE

L'Ecole Universelle
par correspondance de Paris
placée sous le haut patronage de l'Etat

L'Ecole Universelle par Correspondance de Paris, la plus importante du monde est, en France, le premier établissement qui se soit exclusivement consacré à l'enseignement par correspondance et qui se soit attaché à en faire l'instrument le mieux adapté à la diffusion de tous les ordres de connaissances.

Les innombrables succès qu'elle a déjà obtenus, et ceux qu'elle enregistre chaque jour, les services éminents qu'elle rend au pays en favorisant le développement de l'instruction et en contribuant au rayonnement de la pensée française à l'étranger, lui ont acquis la plus sympathique renommée dans toutes les classes de la société française, et dans tous les pays où est parlée notre langue.

Il est donc du devoir de tous ceux qui cherchent à s'instruire et de tous ceux qui s'intéressent à un titre quelconque aux progrès de l'enseignement général ou professionnel de ne laisser passer aucune occasion de se documenter sur l'organisation de l'*Ecole Universelle*, ses méthodes, ses programmes, son corps enseignant, la valeur des résultats obtenus.

Il importe surtout de distinguer l'enseignement par correspondance de l'*Ecole Universelle* des procédés empiriques employés par certains établissements, comme complément d'un enseignement oral.

L'ENSEIGNEMENT PAR CORRESPONDANCE

— Tout le monde reconnaît aujourd'hui les inestimables services que rend l'enseignement par correspondance appliqué, soit à la culture générale des jeunes gens et des jeunes filles d'après les programmes officiels de l'enseignement primaire, secondaire ou supérieur, soit à la préparation aux divers examens universitaires, aux concours d'accès aux grandes écoles et aux fonctions publiques, soit à la formation professionnelle des techniciens de l'industrie, des travaux publics, de l'agriculture, du commerce, du tourisme, des spécialistes des métiers d'art, de la couture, des carrières de la musique.

Tous ceux à qui la limite d'âge interdit l'accès des établissements officiels, ceux dont l'état de santé exige des soins particuliers ou des déplacements dans les stations climatiques, ceux qui résident loin d'un centre, ceux qui ne disposent pas de loisirs ou de ressources suffisants pour s'asseoir chaque jour, à heures fixes, pendant de longs mois, sur les bancs d'une école, ceux qui désirent se perfectionner dans une branche spéciale du savoir, bref,

l'énorme majorité de ceux à qui l'enseignement est nécessaire

s'en trouveraient privés s'ils ne pouvaient avoir recours à l'enseignements par correspondance, qui leur donne le moyen d'acquérir chez eux, à leurs moments de loisirs, les connaissances dont ils ont besoin.

— Mais l'enseignement par correspondance est un instrument délicat, dont le maniement exige une longue expérience,

une organisation extrêmement complexe et une spécialisation rigoureuse.

Si vous vous adressez à une école de fondation récente, vous risquez d'être le sujet d'expériences désastreuses et, en tout cas, vous ne bénéficierez pas du prestige que confèrent des études faites dans un établissement dont la réputation déjà ancienne se confirme et s'étend sans cesse par de nouveaux succès.

Si vous demandez l'enseignement par correspondance à une école qui ne s'y consacre pas exclusivement, mais qui le considère comme une annexe de son enseignement sur place, les documents que vous aurez entre les mains ne seront souvent que la rédaction des notes d'après lesquelles les professeurs font leurs cours oraux, vos compositions seront corrigées comme si les annotations devaient être complétées en classe par des explications orales et vous n'obtiendrez pas un résultat proportionné à vos efforts.

Dans un tel établissement, la direction constamment sollicitée par les questions d'horaires et de discipline, appelée à régler les mille difficultés qui résultent de la présence continuelle des élèves et des maîtres, ne peut accorder qu'une attention insuffisante à l'enseignement par correspondance, qui exige cependant de constants efforts d'organisation et de mise au point, mais qui, parce qu'il s'adresse à des élèves éloignés, est fatalement relégué au second rang.

Aussi est-il aujourd'hui reconnu sans conteste, non seulement en France, mais dans tous les pays où se pratique l'enseignement par correspondance et notamment aux Etats-Unis, où il jouit d'une immense faveur, qu'il ne saurait être donné dans les conditions les plus favorables par un établissement qui pratique en même temps l'enseignement sur place.

L'Ecole Universelle par correspondance de Paris est, en France, le premier établissement qui se soit

exclusivement consacré à l'enseignement par correspondance.

Toute son organisation administrative, toutes ses méthodes pédagogiques ont pour objet de donner à ce mode d'enseignement son maximum de valeur. Toutes les activités dont elle dispose tendent à le porter à son plus haut degré de perfection.

Elles ne distinguent pas deux catégories d'élèves: ceux que l'on voit et qui bénéficient de soins particuliers, ceux que l'on ne voit pas et auxquels on est tenté de témoigner un moindre intérêt. Tous ses correspondants sont l'objet d'une égale sollicitude.

Tous ses documents, rédigés par des spécialistes éminents, à l'usage des élèves *qui n'ont pas d'autres intruments de travail,* sont conçus de manière à ne laisser subsister aucune obscurité dans l'esprit d'un correspondant réfléchi.

Les annotations portées sur les devoirs, toujours très copieuses et complétées, pour tous les exercices qui le comportent, par le corrigé-type correspondant, équivalent à de véritables leçons particulières et l'élève peut toujours obtenir de ses professeurs des explications complémentaires sur tel ou tel point de son programme ou sur les difficultés qu'il rencontre dans la rédaction de son travail.

NOS METHODES D'ENSEIGNEMENT PAR CORRESPONDANCE

Les méthodes de l'*Ecole Universelle* sont

des méthodes françaises,

élaborées et appliquées par une élite de professeurs français. Son enseignement ne doit pas être confondu avec celui que tentent depuis quelque temps de répandre dans notre pays des filiales d'établissements étrangers. Toutes les personnes qui ont pu faire la comparaison n'hésitent pas à proclamer la supériorité de l'enseignement donné par l'*Ecole Universelle.* Il n'en saurait être autrement pour qui sait combien l'enseignement français est supérieur par sa clarté, par sa profondeur, par son caractère pratique, à celui qui se donne par exemple dans certains pays anglo-saxons.

— L'enseignement de l'*Ecole Universelle* présente tous les avantages d'un

enseignement individuel.

D'une part, grâce à la diversité des programmes, il s'adapte aux aptitudes de chaque candidat, au niveau de ses études antérieures et à l'objet qu'il se propose. D'autre part, chaque élève peut commencer ses études à n'importe quelle époque de l'année, les poursuivre selon le temps dont il dispose, s'attarder au contraire davantage sur celles qui demandent de sa part un effort plus soutenu.

En principe, l'élève règle lui-même son travail d'après ses loisirs et ses convenances personnelles. Mais, s'il préfère se placer plus complètement sous la direction de ses maîtres, ceux-ci lui tracent un emploi du temps, en tenant compte de l'importance de chaque matière et de la difficulté de chaque devoir.

Il voit ainsi s'évanouir toutes les hésitations, tous les atermoiements qui diminueraient sa liberté d'esprit et retarderaient ses progrès.

L'un des objets essentiels de nos méthodes est d'obtenir

le résultat maximum avec le minimum d'efforts et dans le temps minimum.

Nous y arrivons en ne demandant à chaque élève que le travail strictement indispensable, à l'objet qu'il se propose;

Aux candidats à un examen ou à un concours officiel, nous n'imposons que l'étude des matières dont la connaissance est exigée du jury, et toujours en tenant compte de l'importance relative des diverses parties du programme;

A ceux qui veulent acquérir des connaissances en vue d'une application pratique immédiate dans l'industrie, les travaux publics, l'agriculture, le commerce, la banque, le tourisme, etc., nous offrons des programmes allégés de toutes les connaissances qui ne sont pas indispensables à leur formation professionnelle;

Par contre, aux jeunes gens, aux jeunes filles et aux adultes qui suivent par correspondance nos cours d'enseignement supérieur ou secondaire et d'enseignement primaire, sans autre intention prochaine que de former leur esprit et d'étendre leur culture intellectuelle, nous demandons de se conformer rigoureusement aux programmes officiels, qu'une expérience de plusieurs générations a reconnus les plus propres à produire ce résultat.

Dans tous les cas, nos cours sont conçus de façon à épargner à chaque élève toute recherche matérielle, tout travail qui n'aurait pas pour objet direct l'étude des matières de son programme et la rédaction de ses compositions écrites.

— Dès qu'un élève nous a fait parvenir sa lettre d'adhésion, nous lui adressons tout ou partie de ses éléments de travail. Chaque élève reçoit, au cours de sa préparation, tous les documents qui constituent l'enseignements complet ; mais nos envois sont susceptibles de diverses modalités. L'importance et la fréquence des envois qui lui sont faits sont fixées par les professeurs, en tenant compte de son degré d'instruction, du temps qu'il peut consacrer à son travail et de la rapidité de ses progrès.

Chacun de nos cours ou préparations

est le résultat de la collaboration de diverses activités, entre lesquelles le travail est rationnellement divisé et dont les efforts sont coordonnés par un professeur-directeur.

Les documents, perfectionnés d'après ces indications, passent ensuite aux mains du chef de service des impressions, qui, aidé de ses collaborateurs, veille à ce que la disposition matérielle vienne encore augmenter la clarté de la rédaction et rendre l'étude facile et attrayante.

Un service spécial est chargé, lorsqu'il y a lieu, des illustrations, cartes, dessins ou photogravures, et les exécute avec le même souci de clarté, pour la plus grande commodité de l'élève.

Plusieurs imprimeries, spécialement outillées, sont chargées du tirage des documents adressés à nos élèves. Ces documents sont l'objet d'une incessante revision, en vue de les tenir au courant des modifications de programmes et des perfectionnements de nos méthodes.

— Dès qu'il est en possession d'un envoi de documents, l'élève se met immédiatement au travail. Il étudie d'abord les matières du programme en se conformant strictement aux indications qui lui sont données par ses maîtres dans des

cours spécialement rédigés ou dans des plans d'étude raisonnés accompagnés de conseils pratiques.

Ces conseils pratiques que, seule de tous les établissements d'enseignement par correspondance, l'*Ecole Universelle* fournit à ses élèves, ont pour but d'attirer leur attention sur les points les plus importants de chaque leçon et de leur donner le moyen de vaincre, par leur propre réflexion, les difficultés qu'ils peuvent rencontrer.

— L'élève rédige ses devoirs lorsqu'il possède parfaitement la partie du cours dont le sujet proposé comporte l'application ; puis il les soumet à notre correction en se conformant aux indications d'ordre matériel, d'ailleurs fort simples, que nous lui donnons.

Les sujets de devoirs

sont choisis par les maîtres qui ont élaboré les cours ou les plans d'étude correspondants ; ils n'exigent donc aucune connaissance que l'élève ne doive déjà posséder.

— L'efficacité de notre enseignement est due en grande partie à la

minutieuse correction des devoirs.

Les professeurs ne se bornent pas à porter sur la copie une appréciation sommaire accompagnée d'une note chiffrée. Ils signalent en marge toutes les imperfections de détail, en indiquant le moyen d'y remédier ; ils signalent de même tous les passages qui révèlent une qualité de l'élève ou un effort digne d'être encouragé. Ils formulent ensuite une appréciation d'ensemble et la font suivre de tous les conseils que leur a suggérés la lecture de la copie.

S'ils rencontrent une composition d'une extrême faiblesse, ils ne la biffent pas d'un trait après en avoir parcouru quelques lignes.

Au contraire, plus un élève paraît avoir de défauts ou de lacunes, plus il attire leur sollicitude. Nous mettons tout en œuvre pour qu'un élève en retard ne se sente pas abandonné à lui-même et pour qu'un élève brillant développe toutes ses qualités.

Toutes les copies qui constituent un même envoi sont réunies, après correction, par les professeurs compétents, dans une chemise spéciale, sur laquelle un directeur des études porte une appréciation générale sur les aptitudes de l'élève, sur ses progrès et ses chances de succès.

Les notes obtenues par chaque élève sont soigneusement relevées et conservées à l'Ecole. Les professeurs et les directeurs des études peuvent, de la sorte, le suivre pas à pas et faire, à chaque instant, le nécessaire pour remédier à ses défauts et accélérer ses progrès.

— Pour éviter à l'élève toute incertitude sur la façon de traiter les sujets de compositions qui lui sont proposés et, pour lui permettre de juger par comparaison de la valeur de ses propres épreuves, l'Ecole lui adresse, pour tous les sujets qui le comportent, des

corrigés-types ou plans détaillés,

rédigés par les professeurs compétents.

Chaque corrigé est adressé à l'élève au moment où il a dû lui-même nous faire parvenir la composition correspondante. Ce modèle complète les annotations portées sur la copie ; c'est l'exemple joint au précepte.

— Enfin, pour tous les programmes ou parties de programmes qui le comportent, nous proposons à nos élèves des

exercices oraux

questionnaires, explications de textes, etc... Ces exercices ne sont pas soumis à la correction des professeurs, mais toutes les indications sont fournies à l'élève pour qu'il n'éprouve aucune difficulté à les faire seul et à en vérifier l'exactitude.

— Par ce que nous venons de dire, en particulier de la correction des compositions, on se rend compte que nous nous attachons à établir

entre chaque élève et ses maîtres une communication constante

et des relations empreintes de la plus grande bienveillance et de la plus grande sollicitude de la part des maîtres, de la confiance la plus entière et la plus justifiée de la part de l'élève.

LES PROGRAMMES DE L'ECOLE UNIVERSELLE

Les programmes de l'*Ecole Universelle*, les plus étendus qui aient encore été conçus pour donner satisfaction aux besoins les plus variés, sont

constamment tenus au courant

soit des programmes officiels les plus récents, soit, lorsqu'il s'agit d'enseignement professionnel ou artistique, des derniers perfectionnements de chaque technique. A l'opposé de certains établissements qui, redoutant de perdre le bénéfice de leurs premières tentatives, ont laissé leur enseignement se cristalliser dans des formes surannées, l'*Ecole Universelle* considère comme une obligation de s'adapter, prudemment, mais hardiment, à tous les besoins nouveaux de l'enseignement et aux aspirations nouvelles de la jeunesse studieuse.

— L'*Ecole Universelle* justifie son titre à la fois par le nombre et la diversité de ses élèves et par l'infinie variété de ses enseignements.

Ses cours sont actuellement suivis par plus de

soixante mille élèves

qui résident tant à Paris que dans les diverses régions de la France, aux Colonies et à l'étranger. Ses élèves appartiennent à toutes les catégories sociales ; il en est de tout âge et de toutes professions; chacun d'eux reçoit, à son gré, l'enseignement qu'il se propose.

A côté des élèves les plus modestes, qui lui demandent de les préparer, par exemple, au certificat d'études primaires, elle voit venir à elle d'anciens élèves des grandes Ecoles, des Agrégés de l'Université, qui désirent se perfectionner dans certains ordres de connaissances spéciales ou même s'initier à des études entièrement nouvelles pour eux.

— L'*Ecole Universelle* enseigne, en effet,

à tous les degrés, toutes les matières

qui peuvent faire l'objet d'un enseignement. Elle prend l'élève à quelque âge qu'il se présente et quel que soit le niveau de ses études antérieures. Elle le conduit à son but dans un temps variable, suivant la distance qui l'en sépare, mais toujours plus rapidement et plus facilement qu'il n'y parviendrait en suivant des cours oraux.

L'élève qui désire faire ses classes primaires ou secondaires complètes d'après les programmes officiels, celui qui désire se soumettre à un entraînement méthodique de quelques semaines en vue d'un prochain examen, celui qui limite ses efforts à l'une des matières de son programme, celui qui recherche une formation complète pour exercer l'une des nombreuses fonctions de l'industrie, de l'agriculture, du commerce, de la banque, de la coupe, de la couture, des métiers d'art, etc., celui qui, déjà pourvu d'une profession, désire approfondir ses connaissances ou simplement s'initier à une technique nouvelle, quelque spéciale qu'elle soit, tous sont assurés de trouver à l'*Ecole Universelle* le programme d'enseignement qui leur convient et, pour chaque enseignement, des maîtres choisis parmi les spécialistes les plus distingués.

— L'*Ecole Universelle* se propose, comme objet essentiel, de donner à tous ses élèves un enseignement éminemment pratique, c'est-à-dire de mettre ceux qui préparent un examen ou un concours public en mesure d'aborder les épreuves officielles avec.

le maximum de chances de succès,

de procurer à ceux qui lui demandent un enseignement professionnel les moyens de

vaincre les difficultés de la pratique courante

et de rendre immédiatement des services dans le poste où ils seront placés.

— Un tel souci n'exclut pas celui de la culture générale des candidats, de la formation de leur esprit. L'enseignement de l'*Ecole Universelle* ne consiste pas dans la répétition mécanique de certains gestes, dans la résolution indéfiniment répétée de quelques exercices types. Il est essentiellement rationnel et tend à donner

des habitudes d'esprit, des méthodes de travail

qui permettront à l'ancien élève laborieux d'approfondir et d'étendre sans cesse ses connaissances et de gravir successivement les divers échelons de la hiérarchie.

— Il apparaît clairement qu'un enseignement aussi varié ne peut être donné que par un établissement dont l'organisation réponde à cette multiplicité de programmes. L'Ecole *Universelle* comprend

autant de sections que son enseignement comporte de branches distinctes.

La direction de chacune de ces sections est confiée à un ou plusieurs spécialistes dont les titres officiels garantissent la compétence et qui s'attachent à déterminer les méthodes les mieux adaptées à l'étude des matières qu'ils sont chargés d'enseigner.

Son organisation unique permet à l'*Ecole Universelle* de faire bénéficier, pour des prix très modérés, toutes les personnes qui s'adressent à elle, des conseils et leçons des spécialistes éminents dont sa réputation lui a valu le concours.

LE CORPS ENSEIGNANT DE L'ECOLE UNIVERSELLE

— Chacun sait que dans un établissement qui ne compte qu'un petit nombre d'élèves, un même professeur est fréquemment chargé de l'enseignement de plusieurs matières. Au contraire, les établissements importants, tels que les grands lycées de Paris, comptent parfois deux ou plusieurs professeurs pour une même matière. L'*Ecole Universelle*, qui compte infiniment plus d'élèves que l'établissement le plus fréquenté, ne confie chaque enseignement qu'à des

spécialistes choisis parmi les plus distingués

Professeurs pourvus des titres les plus appréciés qui exercent ou ont exercé dans l'Université les plus hautes fonctions et qui, à mainte reprise, ont fait partie des jurys d'examens, — anciens élèves des grandes Ecoles spéciales qui sont parvenus, dans l'Armée ou dans la Marine, aux échelons supérieurs de la hiérarchie ou qui, dans l'industrie, les travaux publics, l'agriculture, le commerce, exercent des fonctions de choix, — fonctionnaires supérieurs des administrations de l'Etat, des services concédés ou des administrations privilégiées — membres du jury du Conservatoire national de Paris, grands Prix de Rome, artistes en renom, lui apportent le tribut du savoir et de l'expérience qu'ils ont acquis au cours de longues années d'études et de travaux personnels.

— Par un groupement rationnel de ces compétences, si nombreuses et si diverses, elle a institué

différents organes qui se complètent l'un l'autre et concourent à donner à son enseignement le maximum d'efficacité.

Les Directeurs généraux de l'Enseignement prennent toutes les décisions relatives aux programmes et aux méthodes; ils impriment, en outre, aux diverses sections de l'Ecole, l'impulsion d'ensemble qui assure à leurs enseignements la cohésion indispensable.

Les Directeurs des études examinent les travaux des élèves annotés par les professeurs, veillent à ce que les corrections soient faites avec tout le soin désirable, formulent une appréciation générale sur chaque groupe de compositions soumis à la correction et donnent aux élèves les conseils de nature à augmenter l'efficacité de leurs efforts.

Les Professeurs de l'Ecole rédigent, comme il est dit plus haut, les cours et documents destinés aux élèves et corrigent leurs compositions.

Ceux des professeurs qui font partie du *Conseil de Perfectionnement* peuvent être appelés à donner leur avis sur les méthodes d'enseignement, la rédaction des cours, le choix des exercices, la correction des devoirs, etc...

LES RESULTATS OBTENUS

— Les résultats de ces méthodes, qui s'affirmèrent exceptionnellement encourageants dès l'origine de l'*Ecole Universelle*, en 1907, ne cessent, depuis vingt-deux ans, grâce à de continuels perfectionnements, de se manifester comme toujours plus brillants. Nous pouvons l'affirmer hautement,

aucun autre établissement

ne peut faire état de succès comparables à ceux que nous enregistrons dans tous les ordres d'enseignement.

— Une consécration en quelque sorte officielle des résultats de notre enseignement nous est fournie par

les succès de nos élèves aux examens et concours publics.

C'est par milliers, en effet, que les élèves de l'*Ecole Universelle* ont été reçus aux examens de l'Université (brevets, baccalauréats, professorats, licences), aux concours d'admission aux grandes Ecoles et à ceux des administrations de l'Etat. En deux ans seulement, *cent six* ont été classés avec le *numéro un* à la suite de ces concours auxquels prenaient part les candidats de la France entière.

De tels résultats, officiellement constatés, mettent hors de pair l'enseignement de l'*Ecole Universelle*.

— La valeur de notre enseignement par correspondance est encore établie par la faveur dont il jouit, non seulement auprès de toute la jeunesse studieuse et active du pays, mais encore auprès des

chefs d'entreprise soucieux de recruter un personnel de choix.

Ceux-ci nous donnent, en effet, les marques les plus évidentes de leur confiance et de leur estime en nous adressant de nombreuses offres d'emplois.

De nouvelles preuves de la valeur de nos méthodes et de nos programmes, du dévouement et de la compétence de notre corps enseignant se trouvent dans les

milliers de lettres d'éloges et de témoignages de gratitude

que nous adressent nos correspondants ou leurs parents.

Un grand nombre de ces lettres sont signées par des fonctionnaires, des ingénieurs, des officiers supérieurs, des membres de l'Université, c'est-à-dire par des personnes particulièrement aptes à juger la méthode de travail et les progrès d'un élève.

Plusieurs centaines d'entre elles sont insérées chaque année dans quelques-unes des brochures et publications de l'*Ecole Universelle*. Toutes sont mises, dans ses bureaux, à la disposition des personnes qui désirent en prendre connaissance.

Toutes ces lettres nous sont adressées spontanément. Aucune d'elles n'a jamais été sollicitée.

— Ce sont de tels résultats qui ont valu à l'*Ecole Universelle* les marques d'encouragement les plus flatteuses de la part des pouvoirs publics :

le haut patronage de l'Etat

et l'inauguration de ses nouveaux bureaux, en juin 1923, par M. le Ministre de l'Instruction Publique et des Beaux-Arts, en présence des représentants de plusieurs autres Ministres et Sous-Secrétaires d'Etat et d'un grand nombre de personnalités officielles.

SANCTIONS DES ETUDES

Bien que l'objet essentiel de l'*Ecole Universelle* consiste, sans plus, à répandre l'enseignement à tous les degrés et dans toutes les spécialités, bien que la somme versée par chaque élève représente uniquement le prix de l'enseignement reçu, l'Ecole accorde gracieusement aux personnes qui s'adressent à elle des avantages supplémentaires d'une importance pratique indéniable.

— A ceux de ses élèves qui se sont préparés sous sa direction à un examen universitaire ou à un concours public, elle délivre des

certificats de scolarité ou des certificats d'études

qui mentionnent les cours suivis et les notes obtenues pour chaque composition écrite. Ces certificats sont revêtus du sceau de l'Ecole, annotés et signés par un Directeur des Etudes. Ils constituent des documents dont les jurys officiels tiennent le plus grand compte.

— A ceux des élèves qui ont suivi l'un de ses préparations directes aux diverses fonctions de l'Industrie, des Travaux publics et de l'Agriculture, du Commerce, du Tourisme, etc..., l'*Ecole Universelle* décerne, après des examens qui se passent à Paris, dans des conditions de loyauté et d'impartialité absolues,

les diplômes correspondant à leurs études.

L'indépendance des jurys d'examens et le renom dont jouit l'*Ecole Universelle* confèrent à ces diplômes une autorité telle que les titulaires sont assurés de trouver le meilleur accueil auprès des chefs d'entreprise soucieux de recruter des collaborateurs compétents.

— Poussant plus loin le souci de l'avenir de ses élèves, l'Ecole délègue à un organisme spécial, l'*Association générale des Maîtres, Elèves et Anciens Elèves*, l'administration d'un

office de placement.

L'Association centralise et transmet à ses adhérents les offres d'emplois qui lui parviennent.

Par suite de la diversité presque infinie des enseignements donnés par l'*Ecole Universelle*, les membres de l'Association se recrutent dans les milieux les plus différents, dans toutes les régions de la France, aux colonies et dans tous les pays étrangers, où peut pénétrer l'enseignement en langue française.

Il en résulte qu'elle est en mesure mieux que toute autre organisation analogue, de seconder ses adhérents dans les circonstances les plus diverses : recherche d'une situation plus avantageuse, changement complet d'orientation, etc... Après avoir aidé au placement et parfois même à l'établissement de certains de ses membres, elle peut, dans la suite, leur procurer du personnel, des clients, des débouchés. En un mot, c'est une vaste organisation d'aide mutuelle disposant de moyens d'action exceptionnels.

— Enfin, l'Ecole s'efforce d'entretenir avec tous ses anciens élèves, membres ou non de l'Association, les relations les plus cordiales. Elle met à leur disposition son

Office de renseignements gratuits

et les aide de ses avis pendant toute la suite de leur carrière.

CONCLUSION

Nous avons essayé de donner, dans les pages qui précèdent, une idée générale de l'organisation et des méthodes de l'*Ecole Universelle*.

Ce qu'il est impossible de faire comprendre dans un exposé forcément limité, c'est la souplesse de cette organisation, la sollicitude avec laquelle sont appliquées ces méthodes, pour le plus grand profit des élèves.

La souplesse de cette organisation, on l'appréciera en consultant les brochures spéciales que l'Ecole adresse gratuitement sur demande et qui sont consacrées aux divers ordres d'enseignement : — enseignement primaire, et préparation aux brevets ; enseignement secondaire et baccalauréats ; préparation aux examens de l'enseignement supérieur (lettres, sciences, droit) ; — préparation aux grandes écoles spéciales ; — préparation aux carrières de l'industrie, des travaux publics, de l'agriculture; — préparation aux fonctions du commerce et de l'industrie hôtelière ; — préparation aux carrières administratives; — préparation aux carrières de la marine marchande; — enseignement des langues vivantes; — enseignement musical et préparation aux carrières de la musique; — enseignement du dessin; — préparation aux métiers d'art ; — cours d'orthographe, de rédaction, de calcul, de calcul extra-rapide, d'écriture et de calligraphie; — cours d'éducation physique (professorats de gymnastique); — préparation aux métiers de la couture et de la coupe; — préparation aux situations du journalisme et du secrétariat particulier; — préparation aux carrières du tourisme; — préparation aux carrières du cinématographe.

Quant à la sollicitude avec laquelle sont appliquées ces méthodes, nous laissons le soin de la proclamer à ceux-là mêmes qui en ont fait l'expérience et qui, dans des milliers de lettres d'éloges, ont tenu, sans y être sollicités, à dire tout le bien qu'ils pensent de l'enseignement de l'*Ecole Universelle* et les avantages qu'ils en ont retirés.

Il n'est personne qui, après avoir pesé avec soin les garanties de toute nature qu'elle donne aux élèves et aux familles, puisse encore hésiter un seul instant entre l'*Ecole Universelle* et l'un quelconque des établissements qui, désespérant de l'égaler, masquent par une argumentation fallacieuse l'insuffisance de leurs méthodes et l'indigence de leurs succès.

Les principales Sections
de l'Ecole Universelle

Pour donner le maximum d'efficacité à ses enseignements des divers ordres et pour adapter ses méthodes générales aux multiples spécialités de ses programmes, l'*Ecole Universelle par Correspondance de Paris* divise entre plusieurs sections la tâche qu'elle s'est assignée.
On trouvera ci-dessous des renseignements sur l'activité de chacune de ces sections.

Enseignement primaire

Chacun, quel que soit son âge, son degré d'instruction, sa résidence, peut, grâce aux
Cours complets d'enseignement primaire
de l'*Ecole Universelle*, faire chez lui, aux heures qui lui conviennent le mieux, toutes les études que l'on fait d'ordinaire dans les établissements primaires d'enseignement oral.

— Ses cours primaires correspondent en tous points aux programmes officiels d'enseignement. Ils embrassent toutes les classes de l'enseignement primaire, depuis le cours élémentaire, jusqu'aux trois années d'école normale inclusivement et, dans chaque classe, la totalité des matières inscrites au programme. C'est dire qu'il s'agit d'un enseignement rigoureusement complet.

— La supériorité didactique de son enseignement le fait rechercher aussi bien par les élèves qui pourraient, en raison de leur résidence, suivre les cours des meilleures institutions, que par ceux qui sont dans l'impossibilité de le faire.

— A qui suit déjà les cours d'une école, l'enseignement par correspondance donne la certitude d'en devenir l'un des plus brillants élèves.

— A celui que des raisons quelconques obligent à se préparer seul, cet enseignement permet de réaliser des progrès plus rapides que ceux de la majorité des élèves de l'enseignement collectif oral.

— Enfin, cet enseignement est le seul que puissent suivre les élèves obligés de se déplacer ou ceux qui résident à l'étranger.

— L'enseignement étant rigoureusement individuel, chaque élève peut s'inscrire et commencer ses études à n'importe quelle date, sans excepter la période des vacances. Les élèves ou leurs parents fixent eux-mêmes la durée de chaque classe.

— Chaque élève des cours primaires se trouve, à la fin de ses études, dans la même situation que si, depuis le cours élémentaire, il avait reçu les leçons particulières d'autant de professeurs que les programmes comportent de matières différentes.

La savante gradation des plans d'études le conduit sans heurts, sans surmenage, sans le fameux coup de collier, si funeste à la santé, d'une classe à la classe supérieure, et cela jusqu'à l'examen qui couronne ses études.

— Voici la liste des cours complets et la nomenclature sommaire des documents dont se compose chacun d'eux.

I. — Cours de l'Enseignement Primaire Élémentaire

Ces cours correspondent aux six années de l'enseignement primaire officiel.

Le *Cours élémentaire* s'adresse aux enfants qui savent lire, écrire et un peu compter : ce sont en général des enfants de sept à neuf ans. Il convient également aux adultes qui veulent reprendre leurs études par la base.

Les deux années du *Cours moyen* s'adressent aux enfants de neuf à onze ans qui, ayant suivi le cours élémentaire, se préparent au certificat d'études primaires. Ils embrassent tout le programme du cours moyen des écoles primaires (1re et 2e années).

Le *Cours supérieur* s'adresse aux enfants qui, ayant suivi avec fruit le cours élémentaire et le cours moyen, veulent, entre la onzième et la treizième année, parfaire leur instruction et se préparer à divers examens et concours (certificat d'études primaire, admission au cours complémentaire, écoles primaires supérieures, bourses nationales). Il s'adresse également aux jeunes gens qui, ayant quitté l'école à douze ans, et ne désirant pas se présenter aux examens supérieurs, veulent cependant développer leur instruction, et acquérir une foule de connaissances pratiques qui leur seront d'une extrême utilité dans leur profession. Ce cours constitue une étape obligée entre le cours moyen et le cours complémentaire.

Les deux années du *Cours complémentaire* s'adressent a tous ceux qui, après avoir suivi le cours supérieur, veulent étendre et approfondir leurs connaissances, de façon à pouvoir, soit améliorer leur situation au bureau, à l'atelier, au magasin, etc., soit aborder et suivre ensuite, sans effort, des préparations qui ne leur seraient pas directement accessibles (concours des Postes et Télégraphes, des Contributions indirectes, etc.).

Tous ces cours conviennent également aux élèves des écoles publiques ou privées qui veulent rendre leurs études plus fructueuses, en complétant les leçons de leurs maîtres par celles de professeurs spécialistes.

Matières du Programme. — Documents adressés aux élèves.

Cours élémentaire. — Langue française, histoire, géographie, instruction civique, morale, arithmétique, leçons de choses, dessin, écriture, éducation physique.

En tout 168 plans d'étude, 396 sujets de compositions, 48 dessins à exécuter et à soumettre à notre service de correction, 396 corrigés-types (devoirs entièrement traités).

Cours moyen (1re et 2e années). — Langue française, histoire, géographie, instruction civique, morale, arithmétique et géométrie, éléments de sciences physiques et naturelles, dessin à vue, d'ornement, géométrique, éducation physique, écriture, musique, couture.

En tout, pour chaque année, 180 plans d'étude, 468 sujets de compositions, 48 dessins à exécuter et à soumettre à notre service de correction, 24 exercices spéciaux d'écriture, 48 exercices de solfège, 12 exercices de couture avec correction, 12 progressions de mouvements, 468 corrigés-types (devoirs entièrement traités).

Cours supérieur. — Langue fraçaise, histoire, géographie, instruction civique, morale, arithmétique et géométrie, éléments de sciences physiques et naturelles, dessin d'art, dessin géométrique, écriture, musique, couture, éducation physique.

En tout, 180 plans d'étude, 468 sujets de compositions, 48 dessins à exécuter et à soumettre à notre service de correction, 24 exercices spéciaux d'écriture (cursive, ronde, bâtarde), 48 exercices de solfège, 12 exercices de couture avec correction, 12 progressions de mouvements, 468 corrigés-types (devoirs entièrement rédigés).

Cours complémentaire (1re et 2e années). — Langue française, langues vivantes, histoire, géographie, instruction civique et morale, mathématiques, sciences physiques et naturelles, écriture, dessin, musique, couture, éducation physique.

En tout, pour chaque année, 132 plans d'étude, 468 sujets de compositions, 24 exercices spéciaux d'écriture (ronde, bâtarde, grosse cursive et fine cursive), 24 sujets de dessin (croquis coté et ornement pour les jeunes gens), 24 sujets de dessin (ornement surtout pour les jeunes filles), 48 exercices de solfège, 12 exercices de couture avec correction, 12 progressions de mouvements, 468 corrigés-types (devoirs entièrement rédigés).

II. — Cours des Ecoles Primaires Supérieures

Ces cours s'adressent aux jeunes gens qui veulent poursuivre leurs études primaires supérieures ou se préparer avec le maximum de chances de succès au Brevet élémentaire et au Concours d'admission aux Ecoles Normales.

L'enseignement de l'*Ecole Universelle* est le seul que puissent suivre ceux qui ont dû, par suite de circonstances diverses, interrompre leurs études pour entrer à l'atelier, au bureau ou au magasin. A ces jeunes gens, ses cours donnent le moyen de concilier les nécessités présentes avec leurs légitimes aspirations d'avenir.

Enfin, il va sans dire que ces cours peuvent être utilisés comme complément de l'enseignement collectif oral, par les élèves des écoles primaires supérieures comme par ceux qui veulent, sans se déplacer, suivre, à l'école primaire, avec le concours de leurs instituteurs, le cycle complet de l'enseignement primaire supérieur.

Nous ne pouvons, faute de place, donner le tableau détaillé des préparations que nous avons instituées pour chacune des six sections spéciales : Industrielle, Arts et Métiers, Commerciale

Agricole, Maritime et Ménagère. — Établies sur le même plan que la section d'Enseignement général, elles embrassent comme elle toutes les matières prévues au programme de chaque section.

L'enseignement porte sur l'ensemble des matières inscrites au programme, sans laisser dans l'ombre les enseignements spéciaux : chant, travail manuel, gymnastique, etc.

Matières du programme. — Documents adressés aux élèves

1re, 2e et 3e *années*. — Instruction morale et civique, législation et économie politique, langue française et littérature, langues vivantes, histoire, géographie, mathématiques, sciences physiques et naturelles, dessin d'art, dessin géométrique, écriture, gymnastique, musique, enseignement manuel.

En tout, pour chaque année, 168 plans d'étude, 372 sujets de compositions, 12 sujets de dessin artistique, 12 sujets de dessin géométrique, 24 exercices spéciaux d'écriture (ronde, bâtarde, cursive), 12 progressions de gymnastique suédoise, 24 exercices de solfège, 372 corrigés-types.

III. — COURS DES ÉCOLES NORMALES PRIMAIRES.

Ces cours, qui embrassent l'ensemble des matières inscrites au programme des trois années des Écoles normales, s'adressent aux candidats qui ne veulent ou ne peuvent suivre les cours d'une de ces écoles.

C'est en particulier le cas des *institutrices et instituteurs intérimaires* qui, entrés dans l'enseignement avec le brevet simple, désirent se mettre au niveau des élèves-maîtres sortants et s'assurer une carrière plus facile et plus brillante.

Les cours de l'*École Universelle* leur permettent de se présenter sans crainte au *brevet supérieur* et de suivre ensuite, avec plus de facilité et de profit, sa préparation au *certificat d'aptitude pédagogique*.

Alors que, pour toutes nos classes primaires et primaires supérieures, l'inscription à la classe complète est obligatoire, nous donnons, pour les cours des Écoles normales primaires, la faculté de suivre séparément un ou plusieurs cours.

Les candidats au brevet supérieur n'ayant pas, à une session d'examen, obtenu pour une seule ou plusieurs épreuves, une note égale ou supérieure à la moyenne, peuvent ainsi approfondir seulement le programme des matières qui font l'objet de ces épreuves.

D'autre part, cette disposition de nos cours permet aux aspirants qui jugent leurs connaissances insuffisantes sur certaines questions, d'étudier uniquement le programme qui les intéresse.

Matières du programme. — Documents adressés aux élèves

1re et 2e *années*. — Langue française, algèbre, arithmétique, géométrie, physique, histoire naturelle, chimie, psychologie et pédagogie (1re année), sociologie et pédagogie (2e année), histoire, géographie, musique, dessin géométrique, dessin d'ornementation, matières à option, travaux manuels ou agricoles ou ménagers, gymnastique, langue vivante.

En tout, pour chacune des 2 premières années, 168 plans d'étude, 324 sujets de composition, 24 exercices de solfège, 12 dessins à vue et d'ornement, 12 progressions de gymnastique, 324 corrigés-types.

3e *année*. — Langue française, mathématiques, hygiène, physique, chimie, matières à option (garçons), sciences appliquées à l'industrie, agriculture et sciences appliquées à l'agriculture, enseignement pratique ; jeunes filles : pédagogie des écoles maternelles, puériculture et hygiène et sciences appliquées, économie domestiques, enseignement ménager, hygiène et sciences appliquées, philosophie scientifique et morale et pédagogie, histoire, musique, dessin géométrique, dessin d'ornementation, matières à option : travaux manuels, agricoles ou ménagers, gymnastique, langues vivantes.

En tout, 132 plans d'études, 228 sujets de compositions, 24 exercices de solfège, 12 dessins géométriques, 12 dessins d'ornementation, 12 progressions de gymnastique, 228 corrigés-types.

Pour les élèves qui le demandent, les plans d'étude et des questionnaires sont complétés ou remplacés par des

Instruments de travail complets

cours entièrement rédigés par les professeurs de l'École, ou, dans quelques cas particuliers, volumes classiques choisis avec le plus grand soin parmi les plus récemment édités.

A côté de ces cours complets, l'*École Universelle* a organisé depuis plusieurs années des

préparations spéciales aux divers examens :

Certificat d'études primaires élémentaires, — Bourses nationales. — Brevet d'enseignement primaire supérieur. — Brevet élémentaire et concours d'admission aux Écoles normales primaires. — Brevet supérieur. — Bourses de 4e année dans les Écoles, — Auxiliariat, — Certificat d'aptitude pédagogique. — Certificats d'aptitude aux divers professorats de l'enseignement primaire supérieur et de l'enseignement technique, — Certificat d'aptitude à l'Inspection des Écoles primaires et à la direction des Écoles normales, — Concours d'admission aux Écoles normales supérieures de Saint-Cloud et de Fontenay-aux-Roses, — Concours d'admission à l'École Normale de l'enseignement technique.

N.B. — Il suffit d'indiquer à l'École Universelle les classes déjà suivies par l'élève, le but vers lequel il se dirige, et le temps dont il dispose pour recevoir, par retour du courrier, les rensei-

ments complets au sujet de la classe par laquelle il doit commencer ses études, et du temps qu'il convient de consacrer à chaque classe. (Joindre un timbre pour l'affranchissement de la réponse.)

Ces préparations aux examens de l'enseignement primaire et primaire supérieur diffèrent des cours primaires du degré correspondant en ce qu'elles sont limitées aux matières qui font, à l'examen, l'objet de compositions écrites ou d'interrogations orales. Mais elles embrassent la totalité du programme de l'examen et ne laissent dans l'ombre aucune des questions que le candidat peut être appelé à traiter par écrit ou oralement.

Pour avoir des renseignements plus complets et le prix de chacun de ces enseignements, demandez à l'École Universelle l'envoi gratuit de la

BROCHURE N° 4904 RELATIVE A L'ENSEIGNEMENT PRIMAIRE ET PRIMAIRE SUPÉRIEUR.

Enseignement secondaire

Nos Cours complets d'Enseignement secondaire

permettent à chacun de faire chez soi, sans déplacement et aux heures qui conviennent le mieux, toutes les études que l'on fait d'ordinaire dans les lycées, collèges et établissements privés d'enseignement secondaire.

Nos cours secondaires embrassent toutes les classes de l'enseignement officiel, depuis la sixième jusqu'aux classes du baccalauréat inclusivement et, dans chaque classe, la totalité des matières inscrites au programme.

L'expérience a montré que notre enseignement permet d'étudier avec profit certain, en une seule année, les matières dont se composent les programmes de plusieurs classes.

Chaque élève de nos cours secondaires se trouve, à la fin de ses études, dans la même situation que si, depuis la sixième jusqu'au baccalauréat inclus, il avait reçu les leçons particulières d'autant de professeurs que les programmes comportent de matières différentes.

L'efficacité de nos cours secondaires est établie d'une façon indiscutable par le succès de nos élèves aux divers examens du baccalauréat; chaque année nos élèves remportent des centaines de succès.

La puissante organisation de l'*École Universelle* et l'importance de son personnel enseignant lui permettent d'adapter, dans le minimum de temps, son enseignement aux dispositions nouvelles qui pourraient modifier les programmes. Tous ses correspondants sont donc assurés de recevoir, en s'adressant à elle, un enseignement absolument conforme à l'esprit et à la lettre des programmes les plus récents.

Voici la liste de ses classes complètes d'enseignement secondaire, avec la nomenclature sommaire des documents que comporte chacune d'elles:

Matières du Programme. — Documents adressés aux élèves

Sixième A. — Français, latin, langue vivante, histoire, géographie, mathématiques, sciences naturelles, dessin.

En tout 84 plans d'étude, 276 sujets à traiter, 276 corrigés types. (Plans détaillés ou sujets entièrement traités).

Sixième B. — Français, langue vivante, histoire, géographie, mathématiques, sciences naturelles, dessin.

En tout, 72 plans d'étude, 264 sujets de composition, 264 corrigés types (plans détaillés ou sujets entièrement traités).

Cinquième A. — Français, latin, langue vivante, histoire, géographie, mathématiques, histoire naturelle, introduction à l'étude du grec, dessin.

En tout, 84 plans d'étude, 276 sujets à traiter, 276 corrigés types (plans détaillés ou sujets entièrement traités).

Cinquième B. — Français, langue vivante, histoire, géographie, mathématiques, histoire naturelle, dessin.

En tout, 72 plans d'étude, 264 sujets de compositions, 264 corrigés types (plans détaillés ou sujets entièrement traités).

Cinquième A. — Français, latin, langue vivante, histoire, géographie, mathématiques, sciences naturelles, grec, dessin.

En tout, 108 plans d'étude, 234 sujets à traiter, 336 corrigés types (plans détaillés ou sujets entièrement traités).

Quatrième B. — Français, 1re langue vivante, 2e langue vivante, histoire, géographie, mathématiques, sciences naturelles, dessin.

En tout, 108 plans d'étude, 264 sujets à traiter, 264 corrigés types (plans détaillés ou sujets entièrement traités).

Troisième A. — Français, latin, langue vivante, histoire, géographie, mathématiques, sciences naturelles, grec, art, dessin.

En tout, 96 plans d'étude, 288 sujets à traiter, 312 corrigés types.

Troisième B. — Français, 1re langue vivante, 2e langue vivante, histoire, géographie, mathématiques, sciences naturelles, art, dessin.

En tout, 108 plans d'étude, 226 sujets à traiter, 226 corrigés types (plans détaillés ou sujets entièrement traités).

Seconde A (latin-grec). — Français, latin, grec, langue vivante, histoire, géographie, mathématiques, physique, chimie, dessin, art.

En tout, 108 plans d'étude, 551 sujets à traiter, 275 corrigés types (plans détaillés ou sujets entièrement traités).

Seconde A' (latin sans grec). — Français, latin, langue vivante, histoire, géographie, mathématiques, physique, chimie, art.

En tout, 96 plans d'étude, 299 sujets à traiter, 299 corrigés types (plans détaillés ou sujets entièrement traités).

Seconde B (sciences langues). — Français, 1re langue vivante, 2e langue vivante, histoire, géographie, mathématiques, physique, chimie, dessin, art.

En tout, 96 plans d'étude, 250 sujets à traiter, 250 corrigés types (plans détaillés ou sujets entièrement traités).

Première A (latin-grec). — Français, latin, grec, langue vivante, histoire, géographie, mathématiques, physique, chimie, dessin, arts.

En tout, 108 plans d'études, 288 sujets à traiter, 312 corrigés types (plans détaillés ou sujets entièrement traités).

Première A' (latin sans grec). — Français, latin, langue vivante, histoire, géographie, mathématiques, physique, chimie, dessin, arts.

En tout, 96 plans d'étude, 288 sujets à traiter, 300 corrigés types (plans détaillés ou sujets entièrement traités).

Première B (sciences-langues). — Français, 1re langue vivante, 2e langue vivante, histoire, géographie, mathématiques, physique, chimie, dessin, art.

En tout, 96 plans d'étude, 324 sujets à traiter, 324 corrigés types (plans détaillés ou sujets entièrement traités).

L'Ecole possède également des classes complètes de seconde et de première conformes à l'ancien régime de 1902. Ces classes intéressent les candidats qui ont passé le baccalauréat selon l'ancien programme.

Classe de philosophie. — Philosophie et auteurs philosophiques, enseignement littéraire, histoire, géographie, langue vivante, cosmographie, physique, chimie, sciences naturelles.

En tout, 96 plans d'étude, 204 sujets à traiter, 104 corrigés types (plans détaillés ou sujets entièrement traités).

Classe de Mathématiques. — Philosophie, histoire, géographie, langue vivante, mathématiques, physique, chimie, sciences naturelles.

En tout, 96 plans d'étude, 252 sujets à traiter, 252 corrigés types (plans détaillés ou sujets entièrement traités).

Mathématiques spéciales. — Composition française, mathématiques, physique, chimie, dessin d'architecture et de machines, langue vivante.

En tout, 72 plans d'étude, 373 sujets à traiter, 299 corrigés types (plans détaillés ou sujets entièrement traités).

Rhétorique supérieure (section des lettres et section des sciences). — Programme suivant la section.

Pour les élèves qui le demandent, les plans d'étude et les questionnaires sont, suivant le cas, complétés ou remplacés jusqu'à la classe de Mathématiques incluse, par des

instruments de travail complets

— Parallèlement à ses cours complets, l'*Ecole Universelle* a organisé depuis plusieurs années des

Cours secondaires de vacances

qui constituent un merveilleux exercice d'entraînement, spécialement destiné aux élèves qui désirent utiliser les loisirs des grandes vacances, et des

Préparations spéciales aux divers Baccalauréats

à l'intention des candidats qui, ayant échoué à une session, à l'écrit ou à l'oral, désirent réparer cet échec à la session suivante, — de ceux qui, ayant abandonné leurs études après la classe de seconde, désirent plus tard se préparer seuls, — de ceux qui jugent nécessaire de compléter l'enseignement collectif oral par un enseignement individuel par correspondance.

Ses préparations au Baccalauréat diffèrent de son enseignement secondaire par correspondance en général et plus particulièrement de ses classes de Première, Philosophie et Mathématiques, en ce qu'elles sont limitées aux matières qui font, à l'examen, l'objet de compositions écrites ou d'interrogations orales. Mais elles embrassent la *totalité du programme de l'examen* et ne laissent dans l'ombre aucune des questions que le candidat peut être appelé à traiter par écrit ou oralement.

Pour vous renseigner de façon complète, demander à l'*Ecole Universelle* sa BROCHURE N° 4912.

Enseignement supérieur

— A l'intention des jeunes gens et jeunes filles qui, après avoir terminé leurs études secondaires, veulent obtenir l'un des

Diplômes de l'Enseignement supérieur

exigés pour aborder, soit les carrières libérales, soit les carrières de l'enseignement, soit certaines carrières administratives, l'*Ecole Universelle* a organisé des préparations par correspondance à la plupart des examens de l'enseignement supérieur.

A) *LETTRES*

— Concours d'admission à l'école normale supérieure et aux Bourses de licence (lettres).
— Agrégation de l'enseignement secondaire féminin (lettres).
— Certificat d'aptitude à l'enseignement des lettres dans les lycées de jeunes filles.
— Certificat d'aptitude à l'enseignement des langues vivantes dans les lycées et collèges.
— Certificat d'aptitude au professorat des classes primaires dans les lycées et collèges de jeunes filles.
— *Licence ès-sciences.*

I. — *Mention* PHILOSOPHIE

a) Certificat d'histoire et de la philosophie.
b) Certificat de morale et sociologie.
c) Certificat de psychologie.
d) Certificat de philosophie générale et logique.

II. — *Mention* LETTRES

a) Certificat de littérature française.
b) Certificat d'études grecques.
c) Certificat d'études latines.
d) Certificat de grammaire et de philologie.

III. — *Mention:* HISTOIRE ET GÉOGRAPHIE

a) Certificat d'histoire ancienne.
b) Certificat d'histoire du moyen âge.
c) Certificat d'histoire moderne et d'histoire contemporaine.
d) Certificat de géographie.

IV. — *Mention:* LANGUES VIVANTES

a) Certificat d'études littéraires classiques.
b) Certificat de littérature étrangère.
c) Certificat de philologie.
d) Certificat d'études pratiques.

B) *SCIENCES*

— Agrégation de l'enseignement secondaire féminin (mathématiques).
— Certificat d'aptitude à l'enseignement secondaire des jeunes filles, section des sciences.
— Concours d'admission à l'Ecole normale supérieure et aux bourses de licences (sciences).
— *Licences ès-sciences.*
a) Certificat d'études supérieures de mathématiques générales.
b) Certificat d'études supérieures de calcul différentiel et intégral.
c) Certificat d'études supérieures de mécanique rationnelle.

C) *DROIT*

a) *Préparation aux Examens*

Certificat de capacité (1er examen).
Certificat de capacité (2e examen).
Licence (1re année).
Licence 2e année).
Licence (3e année).

b) *Cours séparés*

La connaissance du droit est d'une utilité capitale pour nombre de professions: hommes politiques, journalistes, industriels, commerçants, agriculteurs, fonctionnaires de tout ordre, ont intérêt à connaître notre législation.

C'est ainsi, par exemple, qu'un commerçant, un industriel ne fera un bon juge consulaire que s'il est au courant du droit commercial et même du droit civil.

Cependant, tous ceux qui, soit faute de temps, soit faute du grade de bachelier, ne peuvent ou ne veulent suivre les cours d'une Faculté, et ceux qui, sans viser à l'obtention d'un diplôme, s'intéressent aux études juridiques, se trouvent généralement fort embarrassés pour entreprendre ces études, et risquent, en s'y adonnant sans le secours d'un guide expérimenté, de faire fausse route, d'acquérir des notions inexactes, ou encore de délaisser prématurément une étude dont l'aridité apparente les rebute.

C'est à ceux-là que s'adressent les *Cours de droit séparés de l'Ecole Universelle.* Conçus d'après une méthode qui a fait depuis longtemps ses preuves, ces cours comprennent, outre les matières enseignées dans les Facultés de Droit, un certain nombre d'autres cours plus spécialement utiles à telle ou telle profession.

Pour l'exposé détaillé de ses méthodes, la liste complète et les prix de ses cours et préparations à tous les professorats, demandez à l'Ecole Universelle l'envoi gratuit de sa

BROCHURE N° 4917, RELATIVE A L'ENSEIGNEMENT SUPÉRIEUR.

Préparation aux Grandes Ecoles

Les préparations de l'*Ecole Universelle* aux concours d'admission aux grandes Ecoles ont été établies par des comités composés d'universitaires (docteurs, agrégés, licenciés) et de *spécialistes, anciens élèves diplômés de ces Ecoles* et, par suite, parfaitement au courant des difficultés particulières à chaque concours et des exigences de chaque jury d'examen.

Alors que dans beaucoup d'établissements d'enseignement collectif oral, un même cours prépare à la fois à plusieurs Ecoles différentes, chacune de ses préparations est établie pour une seule Ecole.

Ces préparations sont d'ailleurs conçues d'après les mêmes méthodes que les préparations aux examens de l'enseignement primaire, secondaire et supérieur, dont l'efficacité est établie par les centaines de succès enregistrés chaque année.

LISTE DES PRINCIPALES PRÉPARATIONS AUX GRANDES ECOLES

I. — Agriculture.

**Institution National Agronomique.
Ecole secondaire d'enseignement professionnel des Barres.
Ecoles nationales d'Agriculture.
Ecoles nationales vétérinaires.
Ecoles pratiques d'agriculture.
Ecole supérieure d'agriculture d'Angers.
Ecole nationale des Industries agricoles de Douai.
Ecoles nationales d'industrie laitière.
*Ecole nationale d'horticulture de Coëtlogon-Rennes.
Ecole d'horticulture de la Ville de Paris et du département de la Seine.
Institut agricole de Beauvais.
Ecole nationale d'Horticulture du Potager de Versailles.

II. — Industrie.

a) *Ecoles d'ingénieurs*

Ecole Polytechnique.
**Ecole Centrale des Arts et Manufactures (1re et 2e partie).
**Ecole Supérieure d'Aéronautique et de Construction mécanique.
Ecoles nationales d'Arts et Métiers.
Ecole Centrale Lyonnaise.
Ecole des Ingénieurs de Marseille.
Institut industriel du Nord de la France (année préparatoire).
Institut industriel du Nord de la France (section du Génie civil).
Ecoles libres d'Arts et Métiers.

b) *Industries électriques*

**Ecole supérieure d'Electricité de Paris.
**Institut Electrotechnique de Grenoble (section élémentaire).
**Institut Electrotechnique de Grenoble (section supérieure).
**Institut Electrotechnique et de Mécanique appliquée de Nancy.
Institut Electrotechnique de Lille.
Institut Electrotechnique et de Mécanique appliquée de Toulouse (cours préparatoire).
Institut Electrotechnique et de Mécanique appliquée de Toulouse (première année).
Institut Electrotechnique et de Mécanique appliquée de Toulouse (section spéciale).
Ecole d'Electricité et de Mécanique industrielle (cours préparatoire).
Ecole d'Electricité et de Mécanique industrielle (cours normal).

c) *Industries chimiques*

**Ecole municipale de Physique et de Chimie industrielles de la Ville de Paris.
**Institut de Chimie appliquée de Paris.
**Ecole de Chimie industrielle de Lyon.
**Instituts régionaux de Chimie.
Instituts de Chimie et de Technologie industrielle de Clermont-Ferrand.
Ecole supérieure de Chimie de la ville de Mulhouse.
Laboratoire de pétrole de l'Institut de Chimie de Strasbourg.

d) *Ecoles professionnelles*

Ecoles nationales professionnelles.
Ecole d'horlogerie de Paris.
Ecoles municipales professionnelles de la Ville de Paris (Boulle, Diderot, Dorian).
**Ecole française de tannerie de Lyon.

---

* Les Ecoles dont le titre est précédé ou suivi d'un astérisque ne sont ouvertes qu'aux jeunes filles.
** Les Ecoles dont le titre est précédé de deux astérisques sont ouvertes dans les mêmes conditions aux candidats des deux sexes.

Ecole française de papeterie de Grenoble.
Ecole coloniale d'apprentissage de Dellys (Alger).
Ecole de tissage, draperie et filature d'Elbeuf.
Ecole de tissage et de filature de Mulhouse.

III. — Travaux publics et Mines.

Ecole nationale des Ponts et Chaussées.
Ecole supérieure des Mines.
Ecole nationale des Mines de Saint-Etienne.
Ecole des maîtres-mineurs d'Alais et de Douai.

IV. — Commerce.

Ecole des Hautes Etudes commerciales.
Ecole supérieure pratique de Commerce et d'Industrie (premier cycle).
Ecole supérieure pratique de Commerce et d'Industrie (deuxième cycle).
Ecoles supérieures de Commerce.
*Ecole pratique de haut enseignement commercial pour les jeunes filles.
Institut d'enseignement commercial supérieur de Strasbourg.

V. — Armée et Marine.

a) Armée de Terre

Ecole Polytechnique.
Ecole spéciale militaire de Saint-Cyr.
Ecoles militaires de sous-officiers élèves officiers.
Ecole d'administration militaire de Vincennes.
Ecole des dessinateurs géographes du Service géographique de l'armée.
Ecole d'officiers et d'élèves-officiers de Gendarmerie de Versailles.

b) Marine de Guerre

Ecole Navale.
Ecole des élèves-officiers de Marine.
Ecole des élèves-ingénieurs mécaniciens.
Ecole des Mécaniciens des Equipages de la Flotte.
Ecoles de Maistrance de la Flotte : a) Ecole d Brest ; b) Ecole de Toulon.
Ecole du Commissariat de la Marine.
Ecole d'administration de Rochefort.

c) Marine marchande

Ecoles nationales de navigation maritime.
Ecoles nationales de navigation maritime (examen des bourses).
Ecole des apprentis mécaniciens de la marine.
Navire-Ecole de la Compagnie Générale Transatlantique, section préparatoire : officiers de pont.
Navire-Ecole de la Compagnie Générale Transatlantique, section préparatoire : officiers mécaniciens.

VI. — Enseignement.

Ecoles normales supérieures (section des sciences).
Ecoles normales supérieures (section des lettres).
**Ecole des Chartes.
Ecoles normales supérieures de Saint-Cloud et de Fontenay-aux-Roses (*).
**Ecole normale de l'enseignement technique.
**Ecoles normales primaires.
Ecole nationale des langues orientales vivantes.

VII. — Beaux-Arts.

**Ecole nationale des Beaux-Arts (section d'architecture).
**Ecoles nationales des Arts décoratifs de Paris et des départements.
Ecole de céramique de Sèvres.
Ecole municipale des Arts appliqués à l'Industrie.

VIII. — Colonies.

Ecole coloniale.
Ecole coloniale d'agriculture de Tunis.
Institut agricole d'Algérie, à Maison-Carrée.
**Institut national d'agronomie coloniale, à Nogent-sur-Marne.
Institut agricole et colonial de l'Université d Nancy.

IX. — Assistance publique.

*Ecole d'accouchement de la Maternité.
*Ecole des infirmières de l'Assistance publique.

L'Ecole Universelle a également organisé l'enseignement par correspondance de l'Ecole des Hautes Etudes Sociales**, par la section : Ecole Sociale.

Les cours de l'Ecole des Hautes Etudes sociales qui se donnent par correspondance sont les suivants :

1° Leçon d'introduction à la sociologie comparée.
2° Cours de démographie historique et comparée.
3° Histoire économique et sociale. La hausse des prix et la lutte contre la vie chère au XVI⁴ siècle.
4° Les industries française et allemande.
5° La coopération intellectuelle.

Carrières de l'Industrie, des Travaux publics et de l'Agriculture

Les sections techniques de l'*Ecole Universelle* ont pour objet de mettre à la disposition des chefs d'entreprise, dans toutes les branches de l'industrie, de l'Agriculture, des *Ingénieurs, Sous-Ingénieurs, conducteurs, dessinateurs, contremaîtres,* etc., pourvus d'une solide culture scientifique et technique.

L'enseignement technique de l'*Ecole Universelle est affranchi de la rigidité des programmes officiels* et débarrassé de toutes les matières superflues.

Il a été rationnellement organisé pour *répondre à tous les besoins de l'industrie,* de sorte que chaque élève, à la fin de ses études, est assuré de trouver sa place dans le vaste chantier de la France.

Il est conçu de manière à donner aux élèves, en même temps que les connaissances générales préparatoires et toutes les connaissances techniques utiles à l'exercice d'une profession déterminée, ce tour d'esprit nécessaire pour faire *servir les connaissances théoriques à la solution des difficultés pratiques.*

Si vous hésitez pour choisir une carrière dans l'industrie, adressez-vous au *Service de renseignements de l'Ecole Universelle,* auquel collaborent des professeurs et ingénieurs appartenant à toutes les branches de l'industrie.

Si votre choix est arrêté, ne commencez pas vos études avant de savoir comment est organisé et comment fonctionne l'enseignement technique de l'*Ecole Universelle.*

Voici la liste des principales fonctions auxquelles préparent les sections techniques de l'*Ecole Universelle :*

FONCTIONS DU 1er DEGRÉ

(accessibles aux candidats pourvus d'une instruction primaire très élémentaire)

Contremaître monteur électricien.
Radiotélégraphiste.
Contremaître ajusteur-mécanicien.
Contremaître monteur-mécanicien.
Chef d'atelier de découpage et d'emboutissage des métaux.
Contremaître chaudronnier.
Contremaître forgeron.
Contremaître de soudure autogène.
Contremaître fondeur.
Contremaître mécanicien d'automobile.
Contremaître mécanicien d'aviation.
Maître d'exploitation minière.
Chef de chantier de travaux publics.
Chef de chantier de travaux du bâtiment.
Commis d'architecte.
Contremaître charpentier (bois et construction métalliques).
Contremaître menuisier.
Contremaître ébéniste.
Contremaître appareilleur.
Chef d'entreprise de peinture du bâtiment.
Métreur d'électricité.
Métreur dans les diverses branches du bâtiment.
Métreur de travaux publics.
Aide-géomètre.
Préparateur chimiste.

---

* Les Ecoles dont le titre est précédé ou suivi d'un astérisque ne sont ouvertes qu'aux jeunes filles.
** Les Ecoles dont le titre est précédé de deux astérisques sont ouvertes dans les mêmes conditions aux candidats des deux sexes.

Teinturier-apprêteur.
Imprimeur sur étoffes.
Contremaître mécanicien frigoriste.
Assistant d'exploitation agricole.
Viticulteur ou assistant d'exploitation viticole.
Horticulteur ou assistant d'exploitation horticole.
Eleveur ou assistant d'exploitation d'élevage.
Aviculteur ou assistant d'exploitation avicole.
Apiculteur.
Contremaître de laiterie, beurrerie, fromagerie.
Contremaître de sucrerie et distillerie.
Contremaître de meunerie et boulangerie.
Contremaître de féculerie, amidonnerie, glucoserie.
Contremaître de brasserie.
Mécanicien agricole.

FONCTIONS DU 2ᵉ DEGRÉ

(accessibles aux candidats pourvus d'une bonne instruction primaire élémentaire)

Conducteur électricien.
Chef de poste de T. S. F.
Entrepreneur d'installations électriques agricoles et rurales.
Conducteur mécanicien.
Conducteur mécanicien d'automobile.
Conducteur mécanicien d'aviation.
Conducteur de travaux d'exploitation minière.
Conducteur de travaux publics.
Conducteur de travaux en béton armé.
Conducteur de travaux du bâtiment.
Dessinateur dans l'une des diverses branches de l'industrie.

FONCTIONS DU 3ᵉ DEGRÉ

(accessibles aux candidats pourvus d'une bonne instruction primaire supérieure)

Sous-ingénieur électricien.
Sous-ingénieur radiotélégraphiste.
Sous-ingénieur mécanicien.
Sous-ingénieur mécanicien d'automobile.
Sous-ingénieur mécanicien d'aviation.
Sous-ingénieur métallurgiste.
Sous-ingénieur d'exploitation minière.
Sous-ingénieur d'exploitation pétrolifère.
Sous-ingénieur de travaux publics.
Sous-ingénieur architecte.
Sous-ingénieur de construction en béton armé.
Sous-ingénieur spécialiste de chauffage et ventilation.
Sous-ingénieur spécialiste d'alimentation en eau et installations sanitaires.
Sous-ingénieur géomètre.
Chef de bureau de dessin.
Sous-ingénieur mécanicien frigoriste.
Chimiste.
Chimiste bactériologiste.
Sous-ingénieur d'exploitation agricole.
Sous-ingénieur d'exploitation agricole coloniale.
Sous-ingénieur de travaux et bâtiments ruraux.

Sous-ingénieur commercial.
} Mention électricité.
Mention mécanique.
Mention mécanique.
Mention aviation.
Mention métallurgie.
Mention chimie.

FONCTIONS DU 4ᵉ DEGRÉ

*(accessibles aux candidats possédant les connaissances
exigées pour le baccalauréat, 2ᵉ partie, mathématiques)*

Ingénieur électricien.
Ingénieur radiotélégraphiste.
Ingénieur mécanicien.
Ingénieur mécanicien d'automobile.
Ingénieur mécanicien d'aviation.
Ingénieur métallurgiste.
Ingénieur d'exploitation minière.
Ingénieur d'exploitation pétrolifère.
Ingénieur de travaux publics.

Ingénieur architecte.
Ingénieur spécialiste de chauffage et ventilation.
Ingénieur spécialiste d'alimentation en eau et installations sanitaires.
Ingénieur spécialiste de construction en béton armé.
Expert géomètre.
Ingénieur dessinateur.
Ingénieur chimiste.
Ingénieur chimiste teinturier.
Ingénieur mécanicien-frigoriste.
Ingénieur d'exploitation agricole.
Ingénieur d'exploitation agricole coloniale.
Ingénieur d etravaux et bâtiments ruraux.
Administrateur rural.
Administrateur rural colonial.

Ingénieur commercial.
Mention électricité.
Mention mécanique.
Mention automobile.
Mention aviation.
Mention métallurgie.
Mention chimie.

Pour connaître le programme détaillé des cours que comprennent les diverses préparations de l'Ecole Universelle et le prix de chacune d'elles, demandez l'envoi gratuit de sa

BROCHURE Nº 4935, RELATIVE AUX CARRIÈRES DE L'INDUSTRIE, DES TRAVAUX PUBLICS ET DE L'AGRICULTURE.

Carrières du Commerce, de la Banque, de la Bourse, des Assurances, de l'Hôtellerie

Les jeunes gens et jeunes filles qui, au terme de leurs études primaires ou secondaires, désirent trouver dans le commerce une situation honorable et immédiatement lucrative, et consacrer leur activité au développement économique du pays, peuvent, grâce à l'enseignement par correspondance de l'*Ecole Universelle*, acquérir sans déplacement, dans le minimum de temps, avec le minimum de frais, tout en occupant dans une maison de commerce un emploi de début, les connaissances générales et professionnelles nécessaires pour s'assurer, dans les affaires, une brillante situation.

Pour réussir dans le commerce, deux conditions sont indispensables: savoir choisir sa voie et se préparer, par une éducation professionnelle appropriée, à rendre immédiatement des services dans le poste où l'on sera placé.

La nécessité d'organiser scientifiquement les entreprises a conduit à diviser entre de multiples agents, dont chacun est spécialisé dans une tâche déterminée, des fonctions qui étaient autrefois remplies par une seule personne. Il en résulte que, si l'on peut toujours parler de la *carrière commerciale*, on doit cependant tenir compte de ce fait que cette carrière comporte une *multiplicité de situations*, dont chacune requiert des aptitudes naturelles déterminées et une éducation professionnelle appropriée.

Tel qui a le goût des chiffres et qui se reconnaît des qualités d'ordre et de méthode, peut faire une brillante carrière dans les services de comptabilité, mais ne pourrait, faute d'esprit d'initiative, d'audace raisonnée, occuper avec bonheur le poste d'administrateur commercial.

Tel autre que son physique avenant, son élocution facile, son imagination féconde, son esprit prompt à s'assimiler des connaissances variées désignent tout naturellement pour devenir un excellent représentant de commerce, manque des qualités d'ordre, de méthode et peut-être de cette facilité à s'exprimer par écrit, qui sont nécessaires au succès dans les fonctions de secrétaire commercial.

Quel que soit son choix, le jeune homme ou la jeune fille qui se destine aux affaires doit se préoccuper d'acquérir les connaissances professionnelles nécessaires à l'exercice de ses futures fonctions. Pour pouvoir répondre à la question: « Que savez-vous faire ? » que lui posera infailliblement son futur patron, il doit compléter ses études générales par une éducation technique appropriée.

Jadis, le commerce s'apprenait par routine au magasin. Aujourd'hui, on a la prétention de former des commerçants sur les bancs d'une école. Conception erronée dans les deux cas: les procédés de pratique courante doivent s'étudier dans une maison de commerce et non à l'école, mais c'est à l'école seulement qu'on peut acquérir les idées et les principes sans lesquels ces procédés ne seraient que des gestes indéfiniment répétés sans jamais être compris ni systématisés.

Les Allemands, avaient si bien compris cette nécessité, qu'ils avaient organisé des écoles dites de demi-temps, où les élèves passaient une partie de la journée au magasin, l'autre dans les classes.

C'est un programme encore mieux compris que réalise l'*Ecole Universelle* mettre à la por tê de tous ceux qui sont déjà dans les affaires ou qui ont le désir d'y entrer, les moyens d'acquérir les connaissances nécessaires dans le commerce.

L'Ecole Universelle prépare notamment aux fonctions suivantes :

A. — Commerce.

Administrateur commercial.
Secrétaire commercial.
Secrétaire commercial comptable.
Commis de mandataire aux halles.
Ataché au contentieux.
Commerçant détaillant ou gérant de succursale.
Correspondancier.
Sténo-dactylographe.
Représentant de commerce.
Vendeur.
Vendeur étalagiste.
Commissionnaire.
Transitaire.
Gérant d'immeubles.
Adjoint à la publicité.
Chef de publicité.
Directeur d'agence de publicité.
Courtier de publicité.
Caissier.
Comptable (sans mention).
Comptable (avec mention d'une spécialité).
Teneur de livres.
Expert-comptable.
Magasinier.
Expert-conseil en organisation commerciale.
Ingénieur commercial (*mentions : électricité, mécanique, automobile, aviation, chimie, métallurgie,* etc.).

B. — Colonies.

Agent de factoreries aux colonies.
Directeur de comptoir aux colonies.

C. — Banque et Bourse.

Commis de banque.
Attaché à la direction des banques.
Démarcheur.
Agent de change.
Fondé de pouvoir d'agent de change.
Commis principal d'agent de change.
Remisier.
Coulissier.

D. — Assurance.

Employé et agent d'assurances.
Inspecteur d'assurances.
Actuaire.
Courtier maritime ou courtier d'assurances maritimes.

E. — Industrie hôtelière.

Secrétaire-comptable d'hôtel.
Directeur-gérant d'hôtel.

Outre ses préparations complètes aux fonctions ci-dessus, *l'Ecole Universelle* donne également, sur un grand nombre de matières, des cours qui peuvent être suivis isolément.

Pour être exactement renseigné sur les programmes et les prix des cours et des préparations que comporte l'enseignement commercial de l'Ecole Universelle, demandez l'envoi gratuit de la BROCHURE N° 4921, SPÉCIALE AUX CARRIÈRES DU COMMERCE.

Carrières du Tourisme

Les touristes dépensent en France des **milliards** chaque année. Aussi le tourisme rémunère-t-il largement les capitaux engagés dans les agences de voyages, les hôtels, les casinos, les compagnies de transports automobiles, mais, de plus, il assure au personnel de ces diverses entreprises des ressources particulièrement élevées.

Ce personnel est constitué par des *dizaines de milliers* d'employés de tous grades, chefs de service, guides, interprètes, gérants ou directeurs.

Pour former ce personnel, seule l'*Ecole Universelle* a organisé un enseignement touristique complet qui permet de réduire, pour chaque situation, la durée de l'apprentissage, d'ordinaire peu rémunérateur, et de prétendre dans le plus court délai aux situations les plus lucratives.

Voici la liste des préparations que nous avons organisées.

I. — Agences de voyages.

Agent aux renseignements.
Vendeur à la Compagnie Internationale des Wagons-Lits.
Guide.
Guide interprète à Paris.

II. — Transports automobiles.

Directeur de garage.
Chef d'atelier de garage.
Employé ou gérant de bureau de Compagnie d'autocars.

III. — Industrie hôtelière.

Interprète.
Econome-lingère.

Pour être exactement renseigné sur les programmes et les méthodes des sections d'enseignement touristique de l'Ecole Universelle et sur les prix de ses préparations, demandez l'envoi gratuit de sa BROCHURE N° 4971, SPÉCIALE AUX CARRIÈRES TOURISTIQUES.

Carrières administratives

Les jeunes gens et jeunes filles qui désirent faire leur carrière dans une grande administration ont un intérêt capital à commencer sans retard leur préparation au concours d'admission, de manière à n'être pas devancés par leurs concurrents éventuels. Une préparation méthodiquement conduite, sans précipitation, donne seule la certitude du succès.

Ils doivent surtout, pour éviter toute perte de temps, toute fausse manœuvre qui les conduirait à un échec, et engendrerait le découragement, confier la direction de leur travail à des maîtres compétents et dévoués.

Ils n'en sauraient trouver de meilleurs que ceux de l'*Ecole Universelle*. Ce sont en effet des professeurs de l'Université et des fonctionnaires supérieurs des grandes administrations publiques, parfaitement au courant de l'interprétation des programmes, puisque beaucoup d'entre eux ont fait partie, à maintes reprises, des jurys d'examens.

La preuve indiscutable de leur compétence et de leur dévouement se trouve dans le nombre et la qualité des succès que remportent les candidats et candidates qui travaillent sous leur direction.

Aucun autre établissement ne pourrait faire état de succès aussi nombreux ni aussi brillants, qui placent hors de pair le corps enseignant et les méthodes de l'*ECOLE UNIVERSELLE*.

Pour faire choix d'une situation dans les grandes administrations, *demandez l'envoi gratuit de la* BROCHURE N° 4928, RELATIVE AUX CARRIÈRES ADMINISTRATIVES.

Carrière d'Officier de la Marine marchande

Il n'est pas nécessaire, pour entrer dans la marine marchande et y faire une brillante carrière, d'être fils de marin ou même d'avoir vécu dans le voisinage d'un port.

Les candidats aux divers brevets de la marine marchande peuvent subir l'examen avec les plus grandes chances de succès, après avoir suivi l'enseignement spécial par correspondance de l'*Ecole Universelle*, *placée sous le haut patronage de l'Etat et en particulier* **sous le haut Patronage de M. le Sous-Secrétaire d'Etat de la Marine Marchande.**

Les jeunes gens intelligents et actifs ont, grâce à l'enseignement de l'*Ecole Universelle*, accès aux situations toujours très avantageuses et souvent extrêmement brillantes **d'officier de pont, d'officier mécanicien, de commissaire de la Marine Marchande.**

Il convient d'insister sur ce fait que les futurs capitaines au long cours peuvent conquérir leur premier titre professionnel: diplôme d'élève-officier de la marine marchande sans avoir jamais navigué, sans être obligé d'abandonner la situation qui les fait vivre et, quelle que soit leur résidence, l'*Ecole Universelle* a organisé des préparations spéciales, rigoureusement adaptées aux programmes et aux exigences manifestés par les jurys d'examens pour les examens ci-après:

Brevets de Pont

Diplôme d'élève-officier de la marine marchande.
Brevet de lieutenant au long cours.
Brevet de capitaine au long cours.
Brevet de capitaine de la marine marchande (examen de théorie, examen d'application).
Brevet de lieutenant au cabotage.
Diplôme de patron au bornage.

Brevets de Pêche

Certificat de capacité.
Brevet de patron de pêche (restreint et complet).
Examen complémentaire de patron de pêche à capitaine de pêche.
Brevet de capitaine de pêche (examen de théorie, examen d'application).

Brevets de Mécanicien

Diplôme d'élève-officier mécanicien (examen de théorie, examen pratique).
Brevet d'officier mécanicien de première classe.
Brevet d'officier mécanicien de deuxième classe (examen de théorie, examen d'application).
Examen complémentaire pour les officiers mécaniciens de deuxième classe désirant passer officiers mécaniciens de première classe.
Brevets spéciaux pratiques.

Commissariat

Brevet de commissaire de la marine marchande.
Examen de commissaire des Messageries maritimes.

Brevets de Radiotélégraphiste

Radiotélégraphiste de bord (2ᵉ classe B, 2ᵉ classe A).
Radiotélégraphiste de bord (1ʳᵉ classe).
L'Ecole a également organisé des préparations spéciales aux concours en vue des fonctions de :
Administrateur de l'inscription maritime.
Chef de section de quatrième classe de l'inscription maritime.
Commis de 4ᵉ classe de l'inscription maritime.
Pour être exactement renseigné sur les situations d'officier de pont, d'officier mécanicien, de commissaire de la Marine marchande, etc., et sur les méthodes d'enseignement de l'*Ecole Universelle* pour les examens de la Marine marchande, demandez la
BROCHURE N° 4944, RELATIVE A LA MARINE MARCHANDE.

Cours pratiques de langues vivantes
(Anglais, Allemand, Italien, Espagnol, Portugais, Arabe, Esperanto)

Les *Cours pratiques* de l'*Ecole Universelle* procurent à tous le moyen d'acquérir chez eux sans déplacement, par quelques minutes de travail quotidien et pour une dépense modique, une solide connaissance des langues étrangères, connaissance rationnelle, utilisable après quelques semaines d'étude.

Nos cours s'adressent aux personnes de tout âge, enfants, jeunes gens et adultes, à tous ceux qui considèrent soit comme une nécessité, soit comme un simple ornement de l'esprit, la connaissance des langues étrangères.

A ceux qui veulent se tenir au courant du mouvement politique, économique et social, aux ingénieurs, commerçants, etc., qui veulent s'informer des techniques nouvelles, nos cours fournissent le moyen de se documenter directement par la lecture des journaux et des ouvrages contemporains.

A ceux qui se proposent de voyager à l'étranger, ils permettent d'une part d'acquérir les connaissances linguistiques nécessaires pour se faire comprendre dans toutes les circonstances de leur séjour, d'autre part de s'initier à la vie pratique des autres nations.

Aux élèves des lycées, collèges et écoles, ils donnent la possibilité d'apprendre très rapidement une langue supplémentaire et de se placer parmi les meilleurs élèves de la classe qu'ils suivent déjà.

A ceux qui se destinent au commerce en France ou à l'étranger, les *Cours pratiques commerciaux de langues vivantes* de l'*Ecole Universelle* enseignent en peu de temps à traduire et à rédiger la correspondance commerciale, à converser dans la langue spéciale aux affaires, à établir et à utiliser les documents commerciaux en usage dans les pays étrangers.

Nos cours comprennent, en principe, quatre parties pour chaque langue : 1° Le *Cours pratique élémentaire* ; 2° Le *Cours pratique supérieur* ; 3° Le *Cours pratique commercial* ; 4° Le *Cours pratique complémentaire*. Pour l'anglais, nous avons organisé en outre un « Cours pratique d'anglais maritime ».

Nous possédons également un cours *d'arabe vulgaire* et un cours *d'arabe littéraire*.

A nos cours de langues vivantes, s'ajoute notre cours d'*Espéranto*, qui vient heureusement en compléter le cycle. L'espéranto, destiné exclusivement aux relations internationales, est extrêmement utile à tous ceux qui désirent se mettre en rapport avec des personnes dont ils ne connaissent pas la langue. L'association espérantiste compte en effet des délégués, qui peuvent servir de guides et d'interprètes, dans un millier de villes du monde.

Notre enseignement étant essentiellement individuel, l'élève peut aborder l'un quelconque de nos cours à n'importe quelle époque de l'année et en fixer la durée à son gré, selon le temps dont il dispose chaque jour et selon la rapidité de ses progrès.

L'expérience a montré qu'un élève qui travaille peu de temps à la fois, mais souvent et régulièrement, à raison de *deux quarts d'heure par jour*, par exemple, et qui profite, en outre, des nombreuses minutes « creuses » ou perdues de la journée pour répéter méthodiquement les notions acquises, peut en *trois mois*, s'assimiler parfaitement l'un de nos cours.

Dans ces conditions, 8 à 10 *mois suffisent* à une personne qui ignore complètement une langue étrangère, pour en acquérir une connaissance approfondie, en suivant :

soit le *Cours élémentaire* puis le *Cours supérieur* et le *Cours complémentaire.*

soit le *Cours élémentaire* puis le *Cours commercial,* et le *Cours complémentaire.*

A qui aborde successivement les quatre cours, douze mois suffisent, à raison d'une demi-heure de travail quotidien.

L'Ecole a également prévu et organisé l'application du phonographe comme auxiliaire de l'enseignement par correspondance pour l'étude des langues étrangères.

Pour avoir sur nos *Cours de Langues vivantes* des renseignements plus détaillés, demandez l'envoi gratuit et franco de la BROCHURE N° 4987.

Orthographe, Rédaction, Rédaction épistolaire, Versification, Calcul, Calcul extra-rapide, Ecriture, Calligraphie, Dessin

Pour faire son chemin dans la vie ou simplement pour ne point faire figure d'ignorant, il est indispensable à tout le monde.

de connaître l'orthographe,
de rédiger correctement,
de savoir composer une lettre,

de calculer vite et sans erreur,
d'écrire lisiblement,
de savoir dessiner.

Combien de personnes déplorent les lacunes que présente à cet égard leur instruction et regrettent de n'être plus à l'âge où l'on peut encore faire ses études.

Qu'elles sachent donc que, grâce à l'enseignement par correspondance de l'*Ecole Universelle,* on peut, *à tout âge et dans toute situation,* apprendre facilement l'*Orthographe,* la *Rédaction,* la *Rédaction épistolaire,* le *Calcul,* la *Calligraphie,* le *Dessin,* moyennant une heure par jour de travail attrayant, pendant quelques semaines.

Il est donc au pouvoir de chacun d'améliorer son instruction, et par suite sa situation, sans sortir de chez soi, en poursuivant d'autres études ou en exerçant une profession et même, si on le juge utile, sans que personne le sache, attendu que, sur simple demande, les envois de l'*Ecole Universelle* sont faits sans aucune marque extérieure.

C'est *un devoir impérieux pour les parents* de faire acquérir à leurs enfants ces connaissances fondamentales, indispensables dans toutes les situations.

C'est une *nécessité absolue pour les adultes* de combler les lacunes de leur instruction première ou de se remémorer ce qu'ils ont pu oublier de ces connaissances fondamentales.

Quant à notre *Cours de Versification,* il s'adresse à tous ceux qui ont l'intention d'écrire en vers, artistes, amateurs, musiciens qu'enchante la musique du vers et qui désirent en connaître la « technique ».

Pour avoir, sur nos *Cours pratiques d'Orthographe,* de *Rédaction,* de *Rédaction épistolaire,* de *Calcul,* de *Calcul extra-rapide,* d'*Ecriture,* de *Calligraphie,* de *Dessin,* des renseignements détaillés, demandez l'envoi gratuit de la BROCHURE N° 4978.

Enseignement musical

non seulement pour goûter dans l'existence de puissantes *joies artistiques,* mais pour s'assurer, le cas échéant, des *ressources d'appoint* ou une *situation libérale.*

Vous n'avez pas besoin de dons particuliers pour devenir musicien.

Grâce à notre méthode, vous pouvez vous préparez aux

CARRIERES LIBRES

de professeur de solfège
professeur d'harmonie
professeur de piano
professeur de violon

pianiste accompagnateur
violoniste d'orchestre
chef d'orchestre
compositeur de musique et aux

PROFESSORATS D'ETAT ET DE LA VILLE DE PARIS

Vous ferez chez vous *toutes les études* musicales susceptibles de vous intéresser. Nos programmes complets comprennent, en effet, la

MUSIQUE THEORIQUE

le solfège
le solfège chanté
la dictée musicale
le plain-chant
l'harmonie
la transposition

le contrepoint
la fugue
la composition
l'instrumentation et l'orchestration
la pédagogie musicale
l'histoire de la musique, etc., et la

MUSIQUE INSTRUMENTALE

A) *Les instruments classiques:*

le Piano,   l'Accompagnement au piano ou à l'orgue,   le Violon,   la Flûte

l'Accordéon chromatique   B) *Les instruments du jazz:*

le Saxophone.

C) *La lutherie:*

facture et accord de piano

Les méthodes d'enseignement musical de l'*Ecole Universelle* ont reçu la haute approbation de:

MEMBRES DE L'INSTITUT: MM. Paul Léon, Directeur général des Beaux-Arts; Gabriel Fauré, ancien Directeur du Conservatoire; Henri Rabaud, Directeur au Conservatoire; Ch.-M. Widor, secrétaire perpétuel de l'Académie des Beaux-Arts, Professeur au Conservatoire;

PROFESSEURS AU CONSERVATOIRE: MM. Lucien Capet, Auguste Chapuis, Marcel Dupré, Eugène Gigout, Mme Marguerite Long, MM. J. Morpain, I. Philipp, S. Riéra, Marcel Tournier, Paul Vidal, Mme Vizentini;

COMPOSITEURS, VIRTUOSES, etc.: l'illustre pianiste Paderewsky, Louis Aubert, Marc Delmas, Marius-François Gaillard, Arthur Honegger, Jean Huré, Maurice Ravel, etc., etc...

L'enseignement est donné sous la direction de M. Adolphe BORCHARD, Premier Prix et Membre du Jury du Conservatoire National, Soliste des Concerts du Conservatoire, des Concerts Colonne, Lamoureux, Pasdeloup, etc., Membre de la Commission pour la rénovation et le développement des Etudes Musicales, au Ministère de l'Intruction publique;

par des maîtres tels que M. Albert Berthelin, Grand Prix de Rome de composition musicale, Membre du Jury du Conservatoire National; M. Jean Déré, Prix de Fugue du Conservatoire National, Grand Grand Prix de Rome de composition musicale; M. C. A. Estyle, Professeur au Conservatoire national de Paris; M. Armand Ferté, Professeur au Conservatoire National, soliste de la Société des Concerts du Conservatoire, des concerts Colonne, Lamoureux et Pasdeloup; M. Jacques Ibert, Premier Grand Prix de Rome de composition musicale; M. Ch. Mayeux, Premier Prix du Conservatoire National, Sociétaire des Concerts Colonne; M. Edouard Mignan, Grand Prix de Rome de composition musicale; M. Jules Mouquet, Premier Grand Prix de Rome de composition musicale, ancien Professeur d'Harmonie au Conservatoire National; M. Amédée de Vallombrosa, Professeur à l'Institut Grégorien de Paris, etc...

Pour vous documenter sur le programme et les prix de nos répertoires et de nos cours, demandez la

BROCHURE N° 4960, POUR DEVENIR MUSICIEN, qui vous sera expédiée gratuitement et franco.

Carrières de Dessinateur, Décorateur, Professeur de Dessin

Notre enseignement artistique est destiné à tous les jeunes gens, à toutes les jeunes filles, à tous les adultes qui désirent s'assurer la joie profonde de s'exprimer dans cette langue universelle qu'est le dessin, de fixer par le trait les scènes de la nature et de la vie, afin de conserver un souvenir durable d'impressions fugitives. Comme il est dirigé par des maîtres expérimentés, il permet aux élèves, au moyen d'un effort minime, de devenir, selon leur goût des professionnels dans l'illustration d'ouvrages, de publications, des peintres d'affiches, des dessinateurs de publicité ou de mode, des décorateurs dans toutes les branches de l'art, ou des professeurs de dessin.

Il constitue un cycle entièrement complet et approfondi. Chaque cours s'adresse d'ailleurs à une catégorie spéciale d'élèves.

Le *Cours pratique de Dessin* est destiné à tous les débutants, à tous ceux qui veulent dans la vie courante, utiliser pratiquement la connaissance du dessin.

Notre *Cours de Dessin d'illustration* intéresse tous ceux qui désirent exprimer par des traits leurs idées et leurs impressions devant la nature et la vie ou qui veulent tirer profit de la vente de leurs croquis.

Notre *Cours de Dessin de Figurines de Mode* est destiné à toutes les personnes qui apprécient les charmes de la mode et qui désirent exercerl'art rémunérateur qu'est le dessin pour publications de mode ou pour catalogues des grands magasins.

Le *Cours d'Histoire de l'Art* (antiquité, temps modernes, époque contemporaine) convient à tous ceux qui considèrent que le talent des maîtres des époques antérieures constitue une source de développement et d'inspiration artistiques.

Le *Cours de Composition décorative* est indispensable à tous les artistes qu'intéresse la décoration des tissus, du papier, du bois, des métaux, ainsi que l'art des céramistes et des verriers.

Le « *Cours de travaux d'agrément et d'arts féminins* » permet à chacun de satisfaire à bon compte les goûts de luxe, de confort et de beauté.

Le « *Cours de lithographie et de gravure* » convient à tous ceux qui veulent étudier les divers procédés de reproduction des estampes (lithographies, eaux-fortes, gravures sur bois).

Le « *Cours de Peinture à l'huile* » est destiné non seulement aux débutants et aux amateurs, mais aux expérimentés. Il permet chacun le développement complet de tout son talent.

Le programme de notre *Cours d'Aquarelle* permet une étude approfondie de tous les genres, depuis les natures mortes, les paysages, les marines, jusqu'au portrait. La délicatesse de l'aquarelle n'exclut pas la puissance et la vigueur. Son étude captivante, qui charme à la fois les jeunes filles, les jeunes gens, les adultes, peut devenir très lucrative, si l'artiste tient à retirer un profit matériel de son travail.

Notre *Cours de Pastel* est destiné à enseigner un genre qui convient tout particulièrement pour exprimer la grâce d'un visage de femme ou d'enfant, les chatoiements des étoffes, la transparence des chairs, le velouté d'un fruit, la tendresse et le duveté des carnations.

Le *Cours de fusain* donne rapidement l'habileté nécessaire à la prompte réalisation des études et des esquisses. Le fusain présente aussi de remarquables qualités de netteté et de vigueur lorsqu'on l'utilise seul comme moyen de reproduction.

Notre *Cours de décoration publicitaire* intéresse tous les dessinateurs débutants, les professionnels et tous les commerçants qui désirent donner à leurs étalages et à leurs locaux de vente un cachet personnel.

Le *Cours de Croquis d'humour et de caricature* vous apprendra à distinguer immédiatement et à reproduire les caractères typiques de chaque sujet vivant ou inanimé.

Nos **préparations spéciales à tous les professorats de dessin** conviennent aux personnes qui veulent s'assurer une situation officielle dans les établissements publics où enseigner pour leur compte personnel ou dans les académies privées.

Nos préparations complètes aux métiers d'art permettent à chacun de se préparer parfaitement aux fonctions de

Directeur ou chef d'entreprise de décoration artistique,
Chef d'atelier de décoration artistique,
Dessinateur ou dessinatrice de publicité,
Dessinateur ou dessinatrice sur étoffes,
Illustrateur,
Décorateur ou décoratrice céramiste,
Décorateur ou décoratrice d'Intérieurs et d'Ameublement,

Dessinateur ou dessinatrice de figurines de mode,
Peintre aquarelliste,
Peintre de nature morte ou de paysage,
Peintre de portraits et de scènes de genre,
Lithographe-Graveur,
Pastelliste,
Caricaturiste,
Peintre d'affiches.

Des diplômes correspondant à ces fonctions peuvent être délivrés aux élèves après les examens dont les épreuves sont subies à Paris.

Pour avoir sur nos cours de dessin d'art et nos préparations des renseignements détaillés, demandez l'envoi gratuit de la

Brochure N° 4949 spéciale a l'Enseignement du Dessin.

Métiers de la Couture et de la Coupe

Ces métiers comportent un grand nombre de situations essentiellement féminines et fort intéressantes pour toutes les dames et toutes les jeunes filles, quelle que soit leur résidence, à la campagne, à la ville, dans les stations climatiques. Les professorats de couture ouvrent une carrière aussi sûre que toutes les autres fonctions administratives, et à tous égards très attrayante et bien rémunérée. Les carrières de coupeur, de vendeur, de représentant dans la couture conviennent à la fois aux jeunes filles et aux jeunes gens.

IL FAUT APPRENDRE A COUDRE

non seulement pour préparer les *nombreux examens* qui comportent des épreuves de couture, non seulement pour s'assurer, soit immédiatement, soit pour plus tard, *des ressources importantes*, mais encore pour remplir un véritable *devoir social* qui incombe à toutes les jeunes filles et à toutes les maîtresses de maison soucieuses de leur *dignité*, des nécessités de *l'économie* et de leur *bien-être personnel*.

PERSONNE N'EST INAPTE A LA COUTURE

Il n'est nullement besoin d'un don inné pour apprendre à coudre, *notre méthode fondée sur l'expérience* des meilleures spécialistes de la haute couture parisienne, obtient *des résultats inespérés* des élèves elles-mêmes ou de leurs parents. Elle supprime toutes les lenteurs de l'apprentissage, toutes les promiscuités des ateliers, elle développe au maximum toutes les qualités d'initiative et d'originalité. Tenant compte de chaque évolution de la mode, elle est vivante et captivante: *elle assure dans tous les cas le succès.*

DES DOCUMENTS INEGALABLES

par leur importance et leur valeur pédagogique, des cours entièrement rédigés, des albums de planches, des patrons, chefs-d'œuvres de professionnelles en renom, deviennent la propriété définitive de nos élèves moyennant une dépense très modérée.

Voici la liste de nos cours et de nos préparations:

Cours « La Robe chemisier ».
Cours « Le Manteau et tous ses dérivés.
Cours « La Robe et le Manteau du soir ».
Cours de « Coupe pratique ».
Cours de « Coupe théorique ».
Cours supérieur de coupe théorique, 1re partie (le tailleur).
Cours supérieur de coupe théorique, 2e partie (pyjama, amazone).
Préparation aux fonctions de Directeur ou Directrice de maison de couture.

Préparation à l'emploi de:
Petite main.
Seconde main.
Première main au flou.
Première main.
Première main au tailleur.
Vendeuse.
Vendeuse-retoucheuse.
Représentante de maisons de couture.
Couturière.
Coupeur ou de coupeuse.
Modeliste.

*Pour vous documenter de façon précise sur les avantages de chacun des emplois de la couture,
sur le programme de nos cours et de nos préparations, demander la*
BROCHURE N° 4965 RELATIVE AUX MÉTIERS DE LA COUTURE ET DE LA COUPE.

Education physique

« *La santé est le premier de tous les biens* », entend-on couramment répéter. Maxime profondément vraie, car la santé prime tout, et l'on ne peut vraiment vivre et faire œuvre utile que si l'on se porte bien. Quand le corps souffre, l'esprit en ressent le contre-coup, et l'on ne saurait trop se pénétrer de ce vieil adage des anciens: « *Mens sana in corpore sano* », un esprit sain dans un corps sain.

Or, c'est un fait reconnu, non seulement par les hygiénistes et les médecins, mais par le commun bon sens, qu'un entraînement physique, méthodique et régulier, est une condition essentielle de la santé à tous les âges.

Jeunes enfants, à qui l'air et le mouvement sont indispensables pour se développer harmonieusement en toute liberté, et qui trop souvent sont astreints à l'immobilité sur les bancs de l'école, sans compter les séances de théâtre ou de cinéma,

Adolescents des deux sexes qui pâlissent sur leurs livres dans la préparation d'un examen ou qui, au contraire, s'épuisent en s'adonnant sans mesure et sans contrôle aux exercices violents des sports,

Jeunes gens et jeunes filles qui s'étiolent dans la vie renfermée des ateliers et des bureaux ou sont contraints à des travaux au-dessus de leurs forces,

Femmes qui se dépensent sans compter dans les travaux de leur ménage, dans l'entretien de leurs enfants, quand elles ne s'imposent pas de véritables tortures que prescrivent parfois les caprices de la mode,

Travailleurs manuels de l'usine ou des champs, *employés, fonctionnaires, commerçants, hommes d'affaires,* qui ajoutent aux fatigues inhérentes à leur profession celles que leur apportent les soucis de la vie matérielle, de la direction de leur maison ou de leurs entreprises,

Vieillards usés par les luttes de la vie, alourdis par l'embonpoint ou tourmentés par les infirmités, qui cherchent le moyen d'entretenir en eux un reste de vigueur,

Tous peuvent trouver dans l'éducation méthodique et raisonnée un moyen sûr mais unique de se développer harmonieusement, de lutter victorieusement contre l'épuisement, contre l'âge, de vivre enfin pleinement et de goûter toutes les joies qu'assure une bonne santé.

L'éducation physique est donc non seulement un *bienfait véritable,* c'est une *inéluctable nécessité.* C'est pourquoi l'Ecole Universelle a organisé des **cours d'Education physique complets en 5 degrés et des préparations complètes au certificat d'aptitude à l'enseignement de la gymnastique, degré élémentaire et degré supérieur.**

Pour vous documenter de façon plus complète, demandez la
NOTICE N° 4994 SPÉCIALE À L'EDUCATION PHYSIQUE.

Carrières du Journalisme et des Secrétariats

Les carrières littéraires exercent sur la jeunesse studieuse, en province, à Paris, aux colonies, à l'étranger, un puissant attrait. Mais pour pouvoir réussir dans le journalisme, ou le secrétariat, il faut posséder une culture très sérieuse et spécialisée. Les études primaires supérieures, secondaires, supérieures, garantissent seulement des connaissances générales, mais elles ne sont pas destinées à former des professionnels du journalisme ni des secrétaires capables de rendre des services à leur « patron » dans toutes les circonstances de la vie.

L'Ecole Universelle a organisé un enseignement complet, en vue des carrières du journalisme et du secrétariat. Si vous avez l'intention de fonder un journal ou une revue, de renflouer une publication peu prospère, nos cours de journalisme vous apprendront comment présenter votre journal, pour attirer et retenir le lecteur, comment établir votre budget, comment procéder au lancement, comment organiser le service de la vente des numéros, comment obtenir des contrats de publicité, comment faire vos achats de papier et de matériel, comment discuter et vérifier l'impression, en somme, tout ce qu'il faut savoir, non seulement au sujet de la **REDACTION** et de la **FABRICATION** mais aussi au sujet de l'**ADMINISTRATION,** tout ce dont l'ignorance entraîne après quelques numéros, la chute de périodiques.

Notre cours pratique de journalisme comporte 5 livres.

Livre I. — *Généralités.*   Livre IV. — *Fabrication du journal.*
Livre II. — *Administration du journal.* Livre V. — *Législation de la presse.*
Livre III. — *Rédaction du journal.*

Nous possédons également des préparations complètes aux fonctions de: Rédacteur, Secrétaire de la rédaction, Directeur de journal, Secrétaire particulier.

Pour vous renseigner de façon précise, au sujet du programme de nos cours, demandez à *l'Ecole Universelle,* 59, Boulevard Exelmans, sa
BROCHURE N° 4999 RELATIVE AUX CARRIÈRES DU JOURNALISME ET DES SECRÉTARIATS.

ECOLE UNIVERSELLE, 59, Boulevard Exelmans, Paris-XVIe

9 782329 042169